建筑电气设备知识及招标要素系列丛书

电力电缆知识及招标要素

中国建筑设计院有限公司　主编

中国建筑工业出版社

图书在版编目（CIP）数据

电力电缆知识及招标要素/中国建筑设计院有限公司主编．—北京：中国建筑工业出版社，2016.7
（建筑电气设备知识及招标要素系列丛书）
ISBN 978-7-112-18268-8

Ⅰ.①电… Ⅱ.①中… Ⅲ.①电力电缆-基本知识②电力电缆-电力工业-工业企业-招标-中国 Ⅳ.①TM247②F426.61

中国版本图书馆CIP数据核字（2016）第096866号

责任编辑：张文胜　田启铭　李玲洁
责任设计：王国羽
责任校对：李美娜　张　颖

建筑电气设备知识及招标要素系列丛书
电力电缆知识及招标要素
中国建筑设计院有限公司　主编

*

中国建筑工业出版社出版、发行（北京西郊百万庄）
各地新华书店、建筑书店经销
唐山龙达图文制作有限公司制版
北京君升印刷有限公司印刷

*

开本：787×960毫米　1/16　印张：8½　插页：1　字数：125千字
2016年9月第一版　2016年9月第一次印刷
定价：**28.00**元
ISBN 978-7-112-18268-8
（28689）

编写委员会

主　　编：陈　琪（主审）

副 主 编：陈双燕（执笔）　李俊民（指导）

编著人员（按姓氏笔画排序）：

王　旭　王　青　王　健　王玉卿　王苏阳
尹　啸　祁　桐　李　喆　李沛岩　李建波
李俊民　张　青　张　雅　张雅维　沈　晋
陈　琪　陈　游　陈双燕　胡　桃　贺　琳
曹　磊

参编企业：

安徽太平洋电缆股份有限公司　王梓力
远东电缆有限公司　徐　静
上海市高桥电缆厂有限公司　苏　将

编 制 说 明

建筑电气设备知识及招标要素系列丛书是为了提高工程建设过程中，电气建造质量所做的尝试。

在工程建设过程中，电气部分涉及面广，系统也越来越多，稍有不慎，将造成极大的安全隐患。

这套系列丛书以招标文件为引导，普及了大量电气设备制造过程中的实用基础知识，不仅为建设、设计、施工、咨询、监理等人员提供了实际工作中常见的技术设计要点，还为他们了解、采购性价比高的产品提供支持帮助。

本册为电力电缆知识及招标要素，第1篇给出了1kV及以下电缆招标文件的技术部分；第2篇叙述了电力电缆原理、性能的基础知识，为了更好地掌握电力电缆的技术特点，第3篇摘录了部分电缆产品制造标准；为了帮助建设、设计、施工、咨询、监理对项目有一个大致估算，第4篇提供了部分产品介绍及市场报价。

在此，特别感谢安徽太平洋电缆股份有限公司（简称“厂家1”）、远东电缆有限公司（简称“厂家2”）、上海市高桥电缆厂有限公司（简称“厂家3”）提供的技术支持。

注意书中下划线内容，应根据工程项目特点修改。

总之，尝试就会有缺陷、错误，希望建设、设计、施工、咨询、监理单位，在参考建筑电气设备知识及招标要素系列丛书时，如有意见或建议，请寄送中国建筑设计院有限公司（地址：北京市车公庄大街19号，邮政编码100044）。

中国建筑设计院有限公司
2015年12月

目　录

第 1 篇　电缆技术规格书

第 1 章　总　　则

1.0.1　投标厂家必须持有国家有关行业管理部门颁发的电缆生产资质证明（电缆产品型号证书等）。

1.0.2　投标厂家必须持有本系统的 ISO 9000 系列认证证书（附复印件）。

1.0.3　设备制造商必须有 5 年以上生产同类产品的经验，并在 3 年内向其他用户提供过同类产品，提供供货合同。

1.0.4　设备制造商必须提供有效的产品型式试验报告。

1.0.5　设备制造商应是产品质量好、售后服务好、重合同和守信誉的企业，连续 3 年无实质性投诉。

1.0.6　设备应按技术规格书规定的标准和规范进行设计和制造，若在设计和制造中采用的标准或规范在技术规格书中没有规定或投标人采用其他标准或规范，则投标人应详细说明其所采用的标准和规范，并提供该标准或规范的完整的中文原件给买方。只有当其采用的标准和规范是国际公认的、惯用的，且等于或优于技术规格书的要求的，此标准或规范才可能为甲方所接受。

1.0.7　所有同类型产品的生产材料须为同一厂商的产品。所有相同的部件须能相互替换。

1.0.8　本节技术说明书规定为可接受的最低质量标准及最少的使用功能。

第 2 章　招标内容

本次招标范围为______项目的 交联聚乙烯绝缘聚乙烯护套低烟无卤A 级阻燃电力电缆（WDZA-YJY）和交联聚乙烯绝缘聚乙烯护套低烟无卤A 级阻燃耐火电力电缆（WDZAN-YJY）及矿物绝缘类不燃性电缆 ，详见电缆明细表。

第3章 使用环境

海拔高度：≤2000m

环境温度：－15～45℃，24小时平均温度不超过35℃

相对湿度：日平均值不大于98%，月平均值不大于95%

部分厂家的电缆使用环境条件见表1.3-1。

部分厂家的电缆使用环境条件 **表1.3-1**

技术指标 \ 厂家名称		厂家1	厂家2	厂家3
环境温度(℃)	电缆	－15～50	－15～50	－15～50
	接头	－15～50	－15～50	－15～50
相对湿度(%)	电缆	98	日平均值不大于98,月平均值不大于95	98
	接头			

第4章 遵循的规范、标准

投标商所提供的电缆，在产品的设计、制造过程中，制造工艺及原材料的质量控制检查、试验检测、保管等均应遵守但不限于下列标准：

《电力工程电缆设计规范》GB 50217—2007

《民用建筑电气设计规范》JGJ 16—2008

《额定电压1kV（U_m＝1.2kV）到35kV（U_m＝40.5kV）挤包绝缘电力电缆及附件》GB/T 12706—2008

《额定电压0.6/1kV以下铜芯塑料绝缘预制分支电力电缆》JG/T 147—2002

《电缆的导体》GB/T 3956—2008

《电缆外护层》GB/T 2952—2008

《额定电压750V及以下矿物绝缘电缆及终端》GB/T 13033.1—2007/IEC 60702-1：2002

《阻燃及耐火电缆：塑料绝缘阻燃及耐火电缆分级和要求》GA

306—2007

《电线电缆识别标识方法》GB/T 6995

《电线电缆交货盘》JB/T 8137

《电线电缆标识标志方法》GB/T 6995—2008

《单根电线电缆燃烧试验方法》GB/T 12666—2008

《电缆和光缆在火焰条件下的燃烧试验》GB/T 18380—2008

《在火焰条件下电缆或光缆的线路完整性试验》GB/T 19216

《电线电缆电性能试验方法》GB/T 3048—2007

《取自电缆或光缆的材料燃烧时释出气体的试验方法》GB/T 17650.1～2—1998

《电缆或光缆在特定条件下燃烧的烟密度测定》GB/T 17651—1998

《阻燃和耐火电线电缆通则》GB/T 19666—2005

第5章　主要技术要求

5.1　WDZA-YJY 电缆

5.1.1　使用条件

1. 电压等级：0.6/1kV（GB/T 12706.1—2008 4.1条），工作频率：50Hz；

2. 敷设条件：桥架、竖井、穿管等各种敷设方式；

3. 环境温度：______；

4. 电线、电缆使用寿命：不少于 30 年。

部分厂家阻燃电缆使用环境条件见表1.5-1。

部分厂家阻燃电缆使用环境条件　　表1.5-1

技术指标＼厂家名称	厂家1	厂家2	厂家3
电压等级(kV)	0.6/1	0.6/1	0.6/1
适用环境温度(℃)	－15～50	－15～50	－15～50
使用寿命(年)	30	30	30

5.1.2 电缆的材料

1. 导体

(1) 电缆导体的铜材应符合 GB/T 3956 的规定。

单芯和多芯电缆用第 1 种实心导体电阻需满足表 1.5-2 要求。

单芯和多芯电缆用第 2 种绞合导体电阻需满足表 1.5-3 要求。

单芯和多芯电缆用第 1 种实心导体电阻（GB/T 3956—2008 表 1） **表 1.5-2**

导体标称截面(mm²)	20℃时导体最大电阻(Ω/km)	
	铜 芯	镀锡铜芯
0.5	36.0	36.7
0.75	24.5	24.8
1	18.1	18.2
1.5	12.1	12.2
2.5	7.41	7.56
4	4.61	4.70
6	3.08	3.11
10	1.83	1.84
16	1.15	1.16
25	0.727	—
35	0.524	—
50	0.387	—
70	0.268	—
95	0.193	—
120	0.153	—
150	0.124	—
185	0.0991	—
240	0.0754	—
300	0.0601	—
400	0.0470	—

单芯和多芯电缆用第 2 种绞合导体电阻（GB/T 3956—2008 表 2） **表 1.5-3**

导体标称截面(mm²)	20℃时导体最大电阻(Ω/km)	
	铜 芯	镀锡铜芯
0.5	36.0	36.7
0.75	24.5	24.8
1	18.1	18.2
1.5	12.1	12.2
2.5	7.41	7.56
4	4.61	4.70

续表

导体标称截面(mm^2)	20℃时导体最大电阻(Ω/km)	
	铜　芯	镀锡铜芯
6	3.08	3.11
10	1.83	1.84
16	1.15	1.16
25	0.727	0.734
35	0.524	0.529
50	0.387	0.391
70	0.268	0.270
95	0.193	0.195
120	0.153	0.154
150	0.124	0.126
185	0.0991	0.100
240	0.0754	0.0762
300	0.0601	0.0607
400	0.0470	0.0475

(2) 长期运行温度 90℃，短路温度 250℃（持续 5s）（GB/T 12706.1—2008 表 3、表 4）。

(3) 导体表面应光洁无油污，无损伤屏蔽及绝缘的毛刺、锐边，以及凸起或断裂的单线。

2. 绝缘

(1) 绝缘材料为交联聚乙烯。

(2) 绝缘厚度应符合 GB/T 12706.1-6 的规定，绝缘厚度的平均值应不小于规定的标称厚度，其最小测量值应不低于规定标称值的 90%－0.1mm（GB/T 12706.1—2008 的 16.5.2 条），任何隔离层的厚度不包括在绝缘厚度内。

绝缘的标称厚度应符合表 1.5-4 规定。

绝缘的标称厚度（GB/T 12706.1—2008 表 6）　　**表 1.5-4**

导体标称截面(mm^2)	标称厚度(mm)	90℃时绝缘电阻最小值(MΩ/km)
1.5	0.7	0.1
2.5	0.7	0.09
4	0.7	0.077
6	0.7	0.065
10	0.7	0.065

续表

导体标称截面(mm^2)	标称厚度(mm)	90℃时绝缘电阻最小值(MΩ/km)
16	0.7	0.05
25	0.9	0.05
35	0.9	0.04
50	1.0	0.035
70	1.1	0.035
95	1.1	0.035
120	1.2	0.032
150	1.4	0.032
185	1.6	0.032
240	1.7	0.032
300	1.8	0.030

(3) 绝缘线芯应能经受交流 50Hz 火花试验，作为中间检验。绝缘线芯的识别标志应符合 GB 6995.5 的规定。

交流 50Hz 火花试验应符合表 1.5-5 规定。

交流 50Hz 火花试验 **表 1.5-5**

绝缘标称厚度 δ(mm)	试验电压(kV)	绝缘标称厚度 δ(mm)	试验电压(kV)
$\delta \leq 0.5$	4	$1.5 < \delta \leq 2.0$	15
$0.5 < \delta \leq 1.0$	6	$2.0 < \delta \leq 2.5$	20
$1.0 < \delta \leq 1.5$	10	$2.5 < \delta$	25

3. 内衬层与填充

在绝缘线芯外包覆统包金属层，除五芯以上电缆外，须先将圆形绝缘线芯电缆在绝缘线芯间的间隙密实填充，再绕包内衬层。

4. 护套

(1) 护套材料为聚乙烯。

(2) 护套的厚度满足 GB/T 12706.1—2008 13.3 条的要求（其中并未要求最小测量值与标称值的关系）。

电缆中所用材料氧指数应大于______（空气中氧气占 21%，对于氧指数超过 21 的材料在空气中会自熄）。

5.1.3 电缆试验

1. 例行试验

（1）导体直流电阻试验应符合 GB/T 3956 和 GB/T 12706.1 的规定，多芯电缆的导体直流电阻试验应在成盘电缆的所有导体上进行。

（2）交流电压试验应在成盘电缆上进行，试验电压如下：

试验电压为 $2.5U_0+2kV$，持续 5min。

（3）应进行单根燃烧试验和成束燃烧试验。其结果应符合表 1.5-5、表 1.5-6 的规定，成束阻燃 A 类试样非金属材料体积不小于 7 L/m ，试样上炭化长度不大于 2.5m ，自熄时间不超过 60min 。

单根燃烧试验结果应符合表 1.5-6 规定。

成束燃烧试验结果应符合表 1.5-7 规定。

单根阻燃性能要求（GB/T 19666—2005 表 3）　　**表 1.5-6**

序号	试样外径 D(mm)	供火时间(s)	合格指标
Z	$D\leqslant25$	60	试样烧焦应不超过距上夹具下缘 50mm～540mm 的范围之外
	$25<D\leqslant50$	120	
	$50<D\leqslant75$	240	
	$D>75$	480	

成束阻燃性能要求（GB/T 19666—2005 表 4）　　**表 1.5-7**

序号	试样非金属材料体积(L/m)	供火时间(min)	合格指标
ZA	7	40	1)试样上炭化的长度最大不应超过距喷嘴底边向上 2.5m； 2)停止供火后试样上的有焰燃烧时间不应超过 1h
ZB	3.5	40	
ZC	1.5	20	
ZD	0.5	20	

部分厂家电缆阻燃性能参数见表 1.5-8。

部分厂家电缆阻燃性能参数　　**表 1.5-8**

技术指标 \ 厂家名称	厂家 1	厂家 2	厂家 3
成束阻燃 A 类试样非金属材料体积(L/m)	7	7.5	7
试验电缆规格	3×70+1×35	3×300+2×150	4×185+1×95
试样上炭化长度(m)	0.79	1.2	1.4
自熄时间(min)	40	40	40

（4）满足无卤性能要求，无卤性能 pH 加权值不小于 4.3 ，无卤性

能电导率加权值不大于<u>10μS/mm</u>。

无卤性能试验方法和要求见表 1.5-9。

无卤混合料的试验方法和要求（GB/T 12706.1—2008 表 23） **表 1.5-9**

序号	试 验 项 目	单位	要求
1	酸气含量试验(GB/T 17650.1—1998)		
1.1	溴和氯含量(以 HCl 表示)，最大值	%	0.5
2	氟含量试验(IEC 60684-2:2003)	%	
2.1	氟含量，最大值		0.1
3	pH 值和电导率试验(GB/T 17650.2—1998)		
3.1	pH 值，最小值		4.3
3.2	电导率，最大值	μS/mm	10

（5）满足低烟性能要求，低烟性能透光率不小于<u>60%</u>。

低烟性能要求见表 1.5-10。

低烟性能要求（GB/T 19666—2005 表 7） **表 1.5-10**

代号	试样外径 d(mm)	试样数	最小透光率(%)
D	$d>40$	1(根)	≥60
	$20<d\leqslant40$	2(根)	
	$10<d\leqslant20$	3(根)	
	$5<d\leqslant10$	$45/d$(根)	
	$2<d\leqslant5$	$45/3d$(根)	

部分厂家电缆低烟无卤性能参数见表 1.5-11。

部分厂家电缆低烟无卤性能参数 **表 1.5-11**

技术指标 \ 厂家名称	厂家 1	厂家 2	厂家 3
无卤性能 pH 加权值	≥4.7	≥4.3	≥4.3
无卤性能电导率加权值(μS/mm)	≤10	≤10	≤10
低烟性能最小透光率(%)	95	60	60

（6）所有试验均要求提供试验报告。

2. 所有投标电缆均应是根据 GB/T 12706.1 规定通过了型式试验的产品。

5.1.4 其他

1. 电缆的标志应符合 GB/T 12706.1 的规定。

2. 电缆应妥善包装在电缆盘上。

3. 电缆长度的误差为0～±5‰。

4. 成盘电缆的电缆盘外侧及成圈电缆的附加标签应注明：

（1）制造厂名称或商标；

（2）电缆型号和规格；

（3）长度，______m；

（4）毛重，______kg；

（5）制造日期：______年______月；

（6）表示电缆盘正确滚动方向的符号；

（7）本部分标准编号。

5.2　WDZAN-YJY电缆

5.2.1　使用条件

1. 电压等级：__0.6/1kV__，（GB/T 19666—2005 6.4条）工作频率：50Hz。

2. 敷设条件：桥架、竖井、穿管等各种敷设方式。

3. 环境温度：______。

4. 电线、电缆使用寿命：不少于__30年__。

部分厂家耐火电缆使用环境条件见表1.5-12。

部分厂家耐火电缆使用环境条件　　　　表1.5-12

技术指标＼厂家名称	厂家1	厂家2	厂家3
电压等级(kV)	0.6/1	0.6/1	0.6/1
适用环境温度(℃)	−15～50	−15～50	−15～50
使用寿命(年)	30	30	30

5.2.2　电缆的材料

1. 导体

（1）电缆导体的铜材应符合GB/T 3956的规定。导体的结构和20℃时导体电阻的最大值，应符合表1.5-2或表1.5-3的规定。

（2）长期运行温度 90℃，短路温度 250℃（持续 5s）（GB 50217—2007 表 A）。

（3）导体表面应光洁无油污，无损伤屏蔽及绝缘的毛刺、锐边，以及凸起或断裂的单线。

2. 绝缘

（1）在导体或电缆缆芯上设置耐火层。耐火层用耐火云母带绕包而成，其厚度、层数及绕包迭盖率由制造厂确定。

（2）绝缘材料为交联聚乙烯，绝缘厚度应符合 GB/T 12706.1-6 的规定，绝缘厚度的平均值应不小于规定的标称厚度，其最小测量值应不低于规定标称值的 90%－0.1mm（GB/T 12706.1—2008 的 16.5.2 条），任何隔离层的厚度不包括在绝缘厚度内。如该耐火层在导体和绝缘层之间，则允许绝缘层厚度可以减薄，但减薄后的厚度不应小于原标准厚度的 80%。绝缘的标称厚度应符合表 1.5-4 规定。

（3）绝缘线芯应能经受表 1.5-5 规定的交流 50Hz 火花试验，作为中间检验。绝缘线芯的识别标志应符合 GB 6995.5 的规定。

3. 内衬层与填充

在绝缘线芯外包覆统包金属层，除五芯以上电缆外，须先将圆形绝缘线芯电缆在绝缘线芯间的间隙密实填充，再绕包内衬层。

4. 护套

（1）护套材料为聚乙烯。

（2）护套的厚度满足 GB/T 12706.1—2008 13.3 条的要求（其中并未要求最小测量值与标称值的关系）。

电缆中所用材料氧指数应大于______。

5.2.3 电缆试验

1. 例行试验

（1）导体直流电阻试验应符合 GB/T 3956 和 GB/T 12706.1 的规定，多芯电缆的导体直流电阻试验应在成盘电缆的所有导体上进行。

（2）交流电压试验应在成盘电缆上进行，试验电压如下：

试验电压为 $2.5U_0+2kV$，持续 5min。

（3）应进行单根燃烧试验和成束燃烧试验。其结果应符合表 1.5-6、

表1.5-7的规定，成束阻燃A类试样非金属材料体积不小于 7L/m ，试样上炭化长度不大于 2.5m ，自熄时间不超过 60min 。

部分厂家电缆阻燃性能参数见表1.5-13。

部分厂家电缆阻燃性能参数　　表1.5-13

技术指标 \ 厂家名称	厂家1	厂家2	厂家3
成束阻燃A类试样非金属材料体积(L/m)	7	7.5	7
试验电缆规格	3×70+1×35	3×300+2×150	4×185+1×95
试样上炭化长度(m)	0.79	1.2	1.4
自熄时间(min)	40	40	40

(4) 需通过GB/T 19216.21的耐火特性实验，满足表1.5-14耐火性能要求，耐火实验受火温度不低 750℃ 。

电缆耐火性能要求见表1.5-14。

耐火性能要求（GB/T 19666—2005表5）　　**表1.5-14**

代号	供火时间+冷却时间(min)	试验电压(V)	合格指标	试验方法
N	90+15	额定值	1)2A熔断器不断； 2)指示灯不熄	GB/T 19216.21 供火温度为750℃

部分厂家电缆耐火试验受火温度见表1.5-15。

部分厂家电缆耐火试验受火温度　　表1.5-15

技术指标 \ 厂家名称	厂家1	厂家2	厂家3
耐火试验受火温度(℃)	800	800	750

(5) 满足表1.5-9无卤性能要求，无卤性能pH加权值不小于 4.3 ，无卤性能电导率加权值不大于 10μS/mm 。

(6) 满足表1.5-10低烟性能要求，低烟性能透光率不小于 60% 。

部分厂家电缆低烟无卤性能参数见表1.5-16。

部分厂家电缆低烟无卤性能参数　　表 1.5-16

技术指标 \ 厂家名称	厂家 1	厂家 2	厂家 3
无卤性能 pH 加权值	≥4.7	≥4.3	≥4.3
无卤性能电导率加权值(μS/mm)	≤10	≤10	≤10
低烟性能最小透光率(%)	95	60	60

(7) 所有试验均要求提供试验报告。

2. 所有投标电缆均应是根据 GB/T 12706.1 规定通过了型式试验的产品。

5.2.4 其他

1. 电缆的标志应符合 GB/T 12706.1 的规定。

2. 电缆应妥善包装在电缆盘上。

3. 电缆长度的误差为 0～+5‰。

4. 成盘电缆的电缆盘外侧及成圈电缆的附加标签应注明：

(1) 制造厂名称或商标；

(2) 电缆型号和规格；

(3) 长度，______m；

(4) 毛重，______kg；

(5) 制造日期：______年______月；

(6) 表示电缆盘正确滚动方向的符号；

(7) 本部分标准编号。

5.3 矿物绝缘类电缆

5.3.1 使用条件

1. 电压等级：<u>0.6/1kV</u>，(JG/T 313—2014) 工作频率：50Hz；

2. 敷设条件：梯架、竖井、穿管等各种敷设方式；

3. 环境温度：______(《工业与民用配电手册》第三版 P486 无机矿物绝缘电缆允许在 250℃的高温下长期正常工作)；

4. 电线、电缆使用寿命：不少于<u>30 年</u>。

部分厂家矿物绝缘类电缆使用环境条件见表 1.5-17。

部分厂家矿物绝缘类电缆使用环境条件　　表1.5-17

技术指标 \ 厂家名称	厂家1	厂家2	厂家3
电压等级(kV)	0.6/1	0.6/1	0.6/1
适用环境温度(℃)	−15～50	−15～50	−15～50
使用寿命(年)	30	30	30

5.3.2　电缆的材料

1. 导体

(1) 电缆导体的铜材应符合GB/T 3956的规定。导体的结构和20℃时导体电阻的最大值，应符合表1.5-2或表1.5-3的规定。

(2) 导体表面应光洁无油污，无损伤屏蔽及绝缘的毛刺、锐边，以及凸起，无断裂的单线及其他对使用有害的缺陷。

2. 绝缘

(1) 绝缘采用无机类绝缘材料，组成物应具有高低温化学稳定性，对铜无腐蚀作用。

(2) 导体之间及每根导体与铜护套之间的绝缘厚度应符合JG/T 313—2014的第6.2.1和6.2.2条规定；电缆绝缘平均厚度不小于标称厚度的__90%__。

部分厂家电缆绝缘厚度见表1.5-18。

部分厂家电缆绝缘厚度　　表1.5-18

技术指标 \ 厂家名称	厂家1	厂家2	厂家3
绝缘平均厚度(相对于标称厚度)	≥90%	≥90%	≥90%

(3) 电缆的绝缘电阻(MΩ)与电缆长度(km)的积不应小于100MΩ·km。当电缆长度小于100m时，测量的绝缘电阻不低于1000MΩ(JG/T 313—2014的第6.2.3条)。

(4) 多芯绝缘线芯应采用色带或数字标志识别，色带识别和数字识别应符合GB/T 6995.5的规定。

3. 填充物和带绝缘

为了使电缆圆整，在缆芯间的间隙被密实填充时，采用带绝缘绕包。填充物和带绝缘的材料应适合电缆的运行温度，并和电缆绝缘材料相容。

4. 电缆金属护套（JG/T 313—2014 第 5.4 条）

（1）金属护套材料为______。

普通退火铜或铜合金，应符合 GB/T 2059 铜及铜合金带材的要求。

（2）铜护套的平均厚度不应小于 JG/T 313—2014 第 6.3.1 条的规定。铜护套外径应符合 JG/T 313—2014 第 6.3.2 条的规定。

5. 外护套

（1）通常不具有外护套，需要时可在金属护套外挤包一层外护套，外护套材料特性要求及试验方法应符合 GB/T 13033.1—2007 第 8.1 条的规定（JG/T 313—2014 第 5.5 条）。

（2）外护套表面应光洁、圆整、紧密，其横断面无肉眼可见的砂眼、杂质和气泡以及未塑化好和焦化等现象。

（3）外护套标称厚度应不小于有关标准规定，护套任一最薄处厚度应不小于标称值的 85%－0.1mm。

（4）电缆椭圆度应不大于平均外径规定上限的 5%。

（5）电缆护套上应有连续的厂名、电压、型号、规格等识别标志。标志应符合 GB/T 6995 的规定。

5.3.3 电缆试验

1. 例行试验

（1）导体直流电阻试验应符合 GB/T 3956 和 GB/T 12706.1 的规定，并在每一电缆所有导体上进行测量。

（2）电缆安装终端后，施加 3500V 交流电压，持续 5min 不应击穿（JG/T 313—2014 第 6.5.1 条）。

（3）应进行单根燃烧试验和成束燃烧试验。其结果应符合 GB 19666—2005 中表 3、表 4 的规定。

（4）需通过 GB/T 19216.21—2003 的耐火特性实验。

1）单纯耐火 C 级：__950～1000℃__ 火焰下持续通电__180min__不被击穿；

2）耐火加水喷淋 W 级：__650℃__ 火焰下承受__15min__的水喷淋不

被击穿；

3）耐火加机械冲击 Z 级：＿950℃＿火焰下承受＿15min＿的敲击振动而不被击穿。

部分厂家电缆耐火试验参数见表 1.5-19。

部分厂家电缆耐火试验参数　　**表 1.5-19**

技术指标 \ 厂家名称		厂家 1	厂家 2	厂家 3
单纯耐火 C 级	火焰温度(℃)	950	950	950
	持续通电时间(min)	180	180	180
耐火加水喷淋 W 级	火焰温度(℃)	650	650	950
	火焰下 15min 后承受水喷淋不被击穿的时间(min)	15	15	15
耐火加机械冲击 Z 级	火焰温度(℃)	950	950	950
	承受敲击振动不被击穿的时间(min)	15	15	15

（5）矿物绝缘电缆应进行单根燃烧试验和成束燃烧试验，绝缘电阻常数的检验，应符合 GB/T 13033.1—2007 和 GB 13033.2—2007 的规定。

（6）无机矿物绝缘电缆还应满足 JG/T 313—2014 第 6.4 条中其他试验要求。

（7）所有试验均要求提供试验报告。

2. 所有投标电缆均应是根据 GB/T 12706.1 规定通过了型式试验的产品。

5.3.4　其他

1. 电缆的标志应符合 GB/T 12706.1 的规定。

2. 电缆应妥善包装在电缆盘上。

3. 电缆长度的误差为 0～+5‰。

4. 成盘电缆的电缆盘外侧及成圈电缆的附加标签应注明：

（1）制造厂名称或商标；

（2）电缆型号和规格；

（3）长度，＿＿＿m；

（4）毛重，＿＿＿kg；

（5）制造日期：______年______月；

（6）表示电缆盘正确滚动方向的符号。

（7）本部分标准编号。

第6章 运输、验收

（1）产品应由制造方的质量检验部门检验合格方可出厂。每个出厂的包装件上应附有产品质量检验合格证。

（2）成品电缆的护套表面应有生产厂家、电缆型号、额定电压和生产年份等连续标记，标记应字迹清楚、容易辨认、耐擦。

（3）电缆端头应采用合适的端帽密封以防止潮气侵入。伸出电缆盘外的电缆长度不小于300mm，重量不超过80kg的短段电缆，可以成圈包装。

（4）电缆应避免在露天存放，电缆盘不允许平放；运输中严禁从高处扔下装有电缆的电缆盘，严禁机械损伤电缆；吊装包装件时，严禁几盘同时吊装，在车辆、船舶等运输工具上，电缆盘应放稳，并用合适方法固定，防止互撞或翻倒。

（5）乙方应在交货前将合同号、材料名称、数量、件数、到货时间等书面通知甲方。材料在运输中的投保及因包装不善造成的破损、丢失等均由乙方承担责任。

（6）乙方应承担货物由发货地至交货地的所有装运费及卸车费。

（7）产品进场后由施工单位组织产品抽检，检查项目应包括导体直流电阻测量及绝缘电阻测量。

（8）敷设电缆时的环境温度最低为－10℃，电缆敷设时的弯曲半径：非铠装电缆为15D，铠装电缆为12D。

（9）电缆在制造、处理、试验、检验过程中，买方有权监造和见证，卖方不得拒绝，买方的此行为不免除供方对产品质量的责任。

（10）在出厂和抽样试验前30天，卖方通知买方见证，买方应在10天内予以答复，如买方放弃见证，则卖方把所做的试验以试验报告的形式提交给买方。

第7章　培　　训

供货单位须根据自己的情况对现场施工人员做必要的安装技术培训。

第8章　技术资料及备件

供方提供下列技术文件：

（1）通过国家电线电缆质量监督检验中心的电缆型式检验检测报告。

（2）电缆产品的结构图及结构尺寸表。

（3）不同敷设条件下电缆的载流量等主要参数。

（4）供方应在交货前提交电缆的有关证明资料。

供货单位应对本文件规定的产品和制造工艺方面的一切专利费和执行费承担责任，保证甲方利益不受损害。

第9章　招标清单

招标清单见表1.9-1～表1.9-3。

低烟无卤阻燃电缆招标清单　　表1.9-1

序号	材料名称	规格型号	数量(m)	单价(元)	金额(元)
1	铜芯交联聚乙烯绝缘聚乙烯护套低烟无卤A级阻燃电力电缆	WDZA-YJY-5×4			
2		WDZA-YJY-5×6			
3		WDZA-YJY-5×10			
4		WDZA-YJY-5×16			
5		WDZA-YJY-4×25+1×16			
6		WDZA-YJY-4×35+1×16			
7		WDZA-YJY-4×50+1×25			
8		WDZA-YJY-4×70+1×35			
9		WDZA-YJY-4×95+1×50			
10		WDZA-YJY-4×120+1×70			
11		WDZA-YJY-4×150+1×70			
12		WDZA-YJY-4×185+1×95			
13		WDZA-YJY-4×240+1×120			
14					
15					

低烟无卤阻燃耐火电缆招标清单　　表 1.9-2

序号	材料名称	规格型号	数量(m)	单价(元)	金额(元)
1	铜芯交联聚乙烯绝缘聚乙烯护套低烟无卤A级阻燃耐火电力电缆	WDZAN-YJY-5×4			
2		WDZAN-YJY-5×6			
3		WDZAN-YJY-5×10			
4		WDZAN-YJY-5×16			
5		WDZAN-YJY-4×25+1×16			
6		WDZAN-YJY-4×35+1×16			
7		WDZAN-YJY-4×50+1×25			
8		WDZAN-YJY-4×70+1×35			
9		WDZAN-YJY-4×95+1×50			
10		WDZAN-YJY-4×120+1×70			
11		WDZAN-YJY-4×150+1×70			
12		WDZAN-YJY-4×185+1×95			
13		WDZAN-YJY-4×240+1×120			
14					
15					

矿物绝缘类电缆招标清单　　表 1.9-3

序号	材料名称	规格型号	数量(m)	单价(元)	金额(元)
1	矿物绝缘类不燃性电缆	5×4			
2		5×6			
3		5×10			
4		5×16			
5		4×25+1×16			
6		4×35+1×16			
7		4×50+1×25			
8		4×70+1×35			
9		4×95+1×50			
10		4×120+1×70			
11		4×150+1×70			
12		4×185+1×95			
13		4×240+1×120			
14					
15					

第10章　说　　明

10.0.1　对投标单位的投标文件及相关材料，应从商务、价格、技术、服务、综合实力等方面进行综合评价；以技术、经济等综合效益对招标人最有利为原则；经招标人确认后，接受最低合理价确定中标人。

10.0.2　无论投标人是否有疏漏、漏报、少报、故意不报等情况的发生，招标人均认为投标人报价总价及分价均包含本技术标准及图纸中的所有本次招标内容。请各投标人认真核实型号规格数量。

10.0.3　本次电线电缆报价应包含合格货物到达用户指定交货地点以及售后服务的一切费用，即已包括（但不限于）材料出厂价、装车费、外埠及市内运费、仓储费、保险费、卸货费（货物运抵工地现场的卸货费由卖方承担）和与履行本合同有关的一切税费、售后服务等全部费用。

第2篇　电力电缆技术基础知识

第1章　电缆的分类

1.1　按导体材料分类

常用导体材料分为铜导体、铝导体、铝合金导体和铜包铝导体。

1.2　按电缆芯数分类

按电缆芯数分为单芯、二芯、三芯、四芯、五芯电缆。

1.3　按绝缘水平分类

按绝缘水平分别有：0.5、1、3、6、10、20、35、60、110、220、330（kV）。

1.4　按绝缘材料分类

常用电力电缆的绝缘种类分为塑料绝缘电缆、橡皮绝缘电缆、油浸纸绝缘电缆、阻燃电缆、耐火电缆；塑料绝缘电缆有聚氯乙烯绝缘电缆、聚乙烯绝缘电缆和交联聚乙烯绝缘电缆。

第2章　电缆的导体

导体应具备高导电性、足够的机械强度、不易氧化和腐蚀、容易加工和焊接、资源丰富、价格便宜等特性。铜和铝因基本上满足上述条件，所以是常用的导电材料。此外，铜包铝结合了铜的优良导电性和铝的重量轻、资源丰富、价格便宜的特点，克服了铝导体的缺点，从而发展成为新的金属导电材料。

2.1　铜导体

2.1.1　铜导体的性能分析

作为电缆材料，通常要求含铜量在99.9%以上的工业纯铜，如一号铜的含铜量为99.95%，在特殊情况下使用无磁性高纯铜。为了提高电导率和改进柔软性，目前广泛使用无氧铜，并正在发展使用单晶铜。铜的导电性能好，根据1913年国际电工学会规定，退火工业纯铜在20℃时的电阻率等于$0.0174241\times10^{-6}\Omega\cdot m$，高纯铜的电导率高于上述数值。

影响铜性能的因素很多，主要有杂质、冷变形和温度。

1. 如果铜里掺了各种杂质，如银、镉锌、镍、磷等，将不同程度地降低铜的导电性和导热性，但可以提高铜的机械强度和硬度，其塑性会有所降低。

2. 铜材料经过弯曲、敲打等冷加工变形后，内部结构将发生变化，使强度和硬度升高，塑性降低、电导率下降，这一现象叫冷加工硬化，简称"冷作硬化"。当冷变形程度在50%以内时，对电导率和伸长率的影响将明显下降；当冷变形程度在60%以上时，对电导率和伸长率的影响将明显减弱。随着冷变形程度的增加，对其抗拉强度的影响将逐步增大，必要时须对冷加工后的材料进行退火处理，使其性能稳定。

3. 温度对铜性能的影响较为显著，在铜的熔点以下时，其电阻随温度升高呈线性关系增加。温度变化对力学性能的影响也很大，当温度在500～600℃左右时，其伸长率和断面收缩率陡然降低，出现"低塑率"区，当铜进行热加工时，要避开这个温度范围。

铜无低温脆性，当温度降低时，其抗拉强度、伸长率和冲击值等增高，适于作低温导体材料。

由于铜的蠕变强度、抗拉强度和氧化速度均与温度有关，所有铜长期使用的工作温度不宜超高110℃，短时使用的工作温度不宜超过300℃。

铜在室温干燥空气中几乎不氧化，当温度达到100℃时表面生成黑色的氧化铜膜；在300℃以下时氧化缓慢，温度再高，氧化速度增加，铜表面生成红色的氧化亚铜膜；当温度高于600℃时，铜会强烈氧化，并使接触电阻增加，严重时将导致连接处局部烧熔。为防止氧化，必要时可在铜导体上镀一层锡或银、镍、铬等。

4. 铜在大气中的耐腐蚀性很好，可与大气中的硫化物作用，表面生成一层深绿色保护膜，降低腐蚀速度，但在含有大量二氧化硫、硫化氢、硝酸、氨和氢等气体的场合，会引起强烈腐蚀，其中氯最严重。在沿海地区，由于大气中存在盐雾，经多年使用后，铜线表面会出现一层细微的溃伤斑点，导致其强度也有所降低。

2.1.2 铜导体电缆的应用

1. 用于下列情况的电力电缆，应选用铜导体：

（1）电机励磁、重要电源、移动式电气设备等需保持连接具有高可靠性的回路。

（2）振动剧烈、有爆炸危险或对铝有腐蚀等恶劣的工作环境。

（3）耐火电缆。

（4）紧靠高温设备布置。

（5）工业及市政工程、户外工程的布电线（分支配电线）。

（6）工作电流较大，需增多电缆根数时。

2. 下列场合宜选用铜导体：

（1）非熟练人员容易接触的线路，如公共建筑与居住建筑。

（2）线芯截面6mm^{2}及以下的电缆。

2.2 铝导体

2.2.1 铝导体的性能分析

铝是近百年来才应用到工业领域的轻金属材料。其特点是：密度小，约为铜的30%；良好的导电性，仅次于银、铜，居第三位（当截面积和长度相同时，约为铜的64%）；导热性好，铝的热导率约为铜的56%；铝耐酸，但不耐碱和盐雾腐蚀；塑性好，易于加工，可抽成细丝或压成薄片；铝的资源丰富，价格比铜低，因此除对导体尺寸及力学性能等有特殊要求的场合外，应优先采用铝作导体材料。

影响铝性能的因素很多，如含有杂质、冷加工变形及温度变化是影响铝性能的主要因素。

1. 含杂质越多，导电率越低，其中锰、钒铬和钛的含量影响最为显著。

2. 冷加工变形后，引起冷作硬化，强度及硬度升高，塑性降低，电导率也相应地降低。

3. 温度对铝性能也有影响，铝在熔点以下时，电阻和温度基本上呈线性关系。冷变形的铝材经退火后，电导率可得到恢复。铝在低温时抗拉强度、疲劳强度、硬度和弹性模量增高，延伸率和冲击值也增高，无低温脆性，适合作低温导体。由于铝的热稳定性较差，在 125℃时保温 1000h 后，抗拉强度下降 21%，因此长期使用工作温度不宜超过 90℃，短时使用工作温度不宜超过 120℃。

4. 铝的耐腐蚀性良好，在大气中极易生成一种牢固的致密膜，厚度为 5～10nm，可防止铝继续氧化。

铝和铜相比有以下缺点：铝导电能力比铜低；铝机械强度、抗拉强度和疲劳强度低，使用中易损坏；熔点低；铝焊接性比铜差，不能用一般方法焊接，铝与铝的焊接可用氩弧焊、气焊、冷压焊和钎焊等方法；铝比铜容易腐蚀。

2.2.2　铝导体电缆的应用

1. 下列场合应采用铝导体：

(1) 对铜有腐蚀而对铝腐蚀相对较轻的环境；

(2) 氨压缩机房。

2. 下列场合宜采用铝导体：

(1) 架空输电线路。

(2) 较大截面的中频线路。

2.3　铝合金导体

铝合金导体是为了克服铝的缺点，扩大铝导体的应用范围，而研究发展出来的作为电缆线芯的金属材料。

铝合金导体在尽量不降低或减少降低电导率的前提下，提高了铝导体的拉伸强度和耐热性，因此铝合金导体具有良好的机械性能和电性能。另外，相同载流量时铝合金电缆的重量大约是铜电缆的一半。采用铝合金电缆取代铜电缆，可以减轻电缆重量，降低安装成本，减少设备和电缆的磨损，使安装工作更轻松。

2.4 铜包铝导体

铜包铝采用先进的包覆制造技术，将高品质铜带同心地包覆在铝杆的外表面，并使铜层和铝芯之间形成牢固的原子间的冶金结合，使两种不同材料合成不可分割的整体。

铜包铝作为导体在应用中有以下优势：

1. 铜包铝线的电阻率约为纯铜线的 1.5 倍，在阻值相同时，铜包铝线重量约为纯铜线的 1/2。采用铜包铝导体会起到降低高次谐波产生的交流阻抗（电阻）的作用。在其他使用场合，通过采取提高铜包铝单丝中铜的体积和相应的工艺措施，使铜包铝/铜复合导体在现有同规格导体的外径尺寸上限内，满足导体直流电阻要求。

2. 采用铜包铝导体可满足目前电线电缆在产品选型、设计、使用、安装等方面的习惯，还对电缆的接线端子紧压、锡焊接有利。

3. 降低交流电阻。交流电阻是电流载流量的主要依据，根据集肤效应的原理，单根导线的表面，其单位面积通过的电流比导线的圆心单位面积通过的电流要大。影响交流电阻的指标除直流电阻、集肤效应外，还有邻近效应，与相同直流电阻的铜导体相比，采用铜复合导体后，单根导体内，铝在圆心，铜在外缘；在绞合导体内，内层是铜包铝，外层是纯铜，而铝对集肤效应和邻近效应都没有铜敏感，同时铜包铝导体会使导体总截面增加一部分，因此也增加了导体的表面积，改善了电缆的散热条件，增加了散热面积，而铝的导热系数与铜相近，在同等的材料成本条件下，交流电阻的指标要经济得多。

4. 具有良好的耐腐蚀性。铝比铜易腐蚀，但由于铜包铝材料已经完全冶金化，铝完全被铜所覆，不会被水、空气接触，完全达到与铜一样的性能。

5. 良好的焊接性。铜包铝线由于其表面同心包覆了一层纯铜，因此具有跟纯铜线一样的可焊性，方便生产。

第3章　绝缘材料

常用电力电缆的绝缘种类分为塑料绝缘电缆、橡皮绝缘电缆、油浸纸绝缘电缆、阻燃电缆、耐火电缆；塑料绝缘电缆有聚氯乙烯绝缘电缆、聚乙烯绝缘电缆和交联聚乙烯绝缘电缆。

3.1　绝缘材料的性能

1. 聚氯乙烯绝缘电缆

(1) 聚氯乙烯绝缘电缆及护套电力电缆有1kV及6kV两级，与油浸纸绝缘电缆相比主要优点是制造工艺简便，没有敷设高差限制，重量轻，弯曲性能好，接头制作简便；耐油、耐酸碱腐蚀，不延燃；具有内铠装结构，使钢带或钢丝免受腐蚀；价格便宜。在很大程度上代替了油浸纸绝缘电缆、滴干绝缘和不滴流浸渍纸绝缘电缆。尤其适宜在线路高差较大或敷设在桥架、槽盒内以及含有酸、碱等化学性腐蚀土质中直埋。但其绝缘电阻较油浸纸绝缘电缆低，介质损耗较高，因此6kV较重要回路电缆，不宜用聚氯乙烯绝缘型。

(2) 聚氯乙烯的缺点是对气候适应性能差，低温时变硬发脆。普通型聚氯乙烯绝缘电缆的适用温度范围为－15～60℃之间，不适宜温度在－15℃以下的环境中使用。其敷设时的温度更不能低于5℃，当温度低于0℃时，宜先对电缆加热。温度低于－15℃的严寒地区应选用耐寒聚氯乙烯电缆。高温或日光照射下，增塑剂宜挥发而导致绝缘加速老化，因此，在未具备有效隔热措施的高温环境或日光经常强烈照射的场合，宜选用相应的特种电缆，如耐热聚氯乙烯电缆。耐热电缆的绝缘材料中添加了耐热增塑剂，线芯长期允许工作温度达90℃及105℃等，适应在温度50℃以上的环境中使用，但要求电线接头处或铰接处锡焊处理，防止接头处氧化。

2. 交联聚乙烯绝缘电缆

6～35kV交联聚乙烯绝缘聚氯乙烯护套电力电缆，因介质损耗低，性能优良，结构简单，制造方便，外径小，质量轻，载流量大，敷设方便，不受高差限制，耐腐蚀，作终端盒中间接头比较简便而被广泛采用。由于交联聚乙烯料轻，故1kV级的电缆价格与聚氯乙烯绝缘电缆相差有限，故低压交联聚乙烯绝缘电缆有较好的市场前景。

普通的交联聚乙烯材料不含卤素，不具备阻燃性能，但燃烧时不会产生大量毒气及烟雾，用它制造的电线、电缆称为“清洁电线、电缆”。若要兼备阻燃性能，须在绝缘材料中添加阻燃剂，但这样会使其机械及电气性能下降。采用辐照工艺可提高机械及电气性能，又可使绝缘电缆耐温提高至125～135℃。

线芯温度：90～135℃的导线的正确选择至关重要。通常在人可触及处，电缆或管线的表面温度不允许超过70℃，而线芯与绝缘表面的温差仅为5～10℃。因此90～135℃的导线主要适用于高温环境或人不能触及的部位。

3. 橡皮绝缘电缆

橡皮绝缘电缆弯曲性能较好，能够在严寒气候下敷设，特别适用于水平高差大和垂直敷设的场合。橡皮绝缘电缆不仅适用于固定敷设的线路，也可用于定期移动的固定敷设线路。移动式电气设备的供电回路应采用橡皮绝缘护套软电缆（简称橡套软电缆）；有屏蔽要求的回路，如煤矿采掘工作面供电电缆应具备分相屏蔽功能。普通橡胶遇到油类及化合物时，很快会被破坏，因此在可能经常被油浸泡的场合，宜使用耐油型橡胶护套电缆。普通橡胶耐热性能差，允许运行温度较低，故对于高温环境又有柔软性要求的回路，宜选用乙丙橡胶绝缘电缆。

4. 乙丙橡胶电缆

乙丙橡胶的全称是交联乙烯乙丙烯橡胶，具有耐氧、耐臭氧的稳定性和局部放电的稳定性，也具有优异的耐寒特性，即使温度在－50℃时，仍能保持良好的柔韧性；此外，乙丙橡胶电缆还具有优良的抗风化和光照的稳定性；乙丙橡胶电缆虽不含卤素，但又有阻燃特性，特别是采用氯磺化聚乙烯护套的乙丙橡胶绝缘电缆，乙丙橡胶绝缘电缆在我国尚未广泛应用，但在国外特别是欧洲早已大量应用；乙丙橡胶电缆有较优异的电气、机械特性，即使在潮湿环境下也具有良好的耐高温性能。

5. 阻燃电缆

阻燃电缆是指在规定实验条件下被燃烧，具有使火焰蔓延仅在限定范围内，撤去火源后，残焰和残灼能在限定时间内自行熄灭的电缆。

阻燃电缆的性能主要用氧指数和发烟性两项指标来评定。空气中氧气占21%，氧指数超过21的材料在空气中会自熄，材料的氧指数越高，阻燃性能越好。阻燃性能分级，见表2.3-1。

阻燃电缆分级表 **表2.3-1**

级别	供货温度（℃）	供火时间（min）	成束敷设电缆的非金属材料体积(L/m)	焦化高度（m）	自熄时间（h）
A	≥815	40	≥7	≤2.5	≤1
B			≥3.5		
C		20	≥1.5		
D			≥0.5		

注：D级标准仅适用于绝缘电缆。

电缆的发烟性能可用透光率来表示，透光率越小表示材料燃烧发烟率越大。电缆按发烟量和烟气毒性分为四级，见表2.3-2。

电线电缆发烟量及烟气毒性分级表 **表2.3-2**

级别	透光率（%）	允许烟气毒性浓度（mg/L）	级别	透光率（%）	允许烟气毒性浓度（mg/L）
Ⅰ	≥80	≥12.4	Ⅲ	≥20	≥6.15
Ⅱ	≥60		Ⅳ	—	—

阻燃电缆燃烧时烟气特性可分为三大类：

（1）一般阻燃电缆，在燃烧受热时释放氯化氢，从而延缓燃烧或熄灭。成品电缆燃烧性能达到表2.3-1的标准，但燃烧时烟雾浓、酸性及毒气大。这类电缆包括聚氯乙烯、聚四氟乙烯、氯磺化聚乙烯、氯丁橡胶等。

（2）低烟低卤阻燃电缆：满足表2.3-1和表2.3-2分级标准，且电缆燃烧时要求气体酸度较低，测定酸气溢出量在5%～10%的范围，酸气pH＜4.3，电导率≤20μS/mm，烟气透光率＞30%，称为低卤电缆。主要针对聚氯乙烯电缆而言，在聚氯乙烯中加入其他元素，减少HCl气体的释放量和发烟量。

（3）无卤阻燃电缆：满足表 2.3-1 和表 2.3-2 分级标准，且电缆燃烧时不发生卤素气体，酸气含量在 0～5%的范围，酸气 pH 值≥4.3，电导率≤10μS/mm，烟气透光率＞60%，称为无卤电缆。无卤型有聚乙烯、交联聚乙烯、天然橡胶、乙丙橡胶、硅橡胶等；阻燃剂分为有机和无机两大类，最常用的是无机类的氢氧化铝。

无卤阻燃电缆烟少、毒低、无酸雾。它的烟雾浓度比一般阻燃电缆低 10 倍，但阻燃性能较差，大多只能达到 C 级，而价格比一般阻燃电缆贵很多；若要达到 B 级价格更贵。由于必须在绝缘材料中添加大量的金属水化物等填充料，来提高材料氧指数和降低发烟量，这样会使材料的电气性能、机械强度及耐水性能大大降低。不仅如此，无卤阻燃电缆一般只能达到 0.6/1kV 电压等级，6～35kV 中压电缆很难达到阻燃要求。

隔氧层电缆，通过在原电缆绝缘线芯和外护套之间，填充一层无毒无卤的 $Al(OH)_3$，当电缆遭受火灾时，此填充层可析出大量结晶水，在降低火焰温度的同时，$Al(OH)_3$脱水后变成不熔不燃的 Al_2O_3硬壳，阻断了氧气供应通道，达到阻燃自熄。PVC 及 XLPE 绝缘的隔氧层电缆阻燃等级均可达 A 级，烟量少于同类绝缘低烟低卤电缆。交联聚乙烯绝缘的隔氧层电缆，耐压可达 35kV 级。

采用聚烯烃绝缘材料，阻燃玻璃纤维为填充料，辐照交联聚烯烃为护套的低烟无卤电缆，可实现 A 级阻燃。其燃烧试验按 A 级阻燃要求供火时间 40min，供火温度 815℃，其炭化高度仅为 0.95m。发烟量也低于 PVC 及 XLPE 绝缘的隔氧层电缆，但其价格较贵。

6. 耐火电缆

耐火电缆是指在规定试验条件下，在火焰中被燃烧一定时间内能保持正常运行特性的电缆。耐火电缆按耐火特性分为 A 类和 B 类，见表 2.3-3。

耐火电缆分类表 **表 2.3-3**

类别	耐火特性		
	受火温度(℃)	供火时间(min)	技术指标
A	900～1000	90	3A 熔丝不熔断
B	750～800		

耐火电缆按绝缘材料可分为有机型和无机型两种，常用的无机型耐火电缆又分为BTTZ矿物绝缘电缆及柔性矿物绝缘电缆。

（1）有机型耐火电缆

有机型耐火电缆主要是采用耐高温达800℃的云母带以50%重叠搭盖率包覆两层作为耐火层。外部采用聚氯乙烯或交联聚乙烯为绝缘，若同时要求阻燃，只要将绝缘材料选用阻燃型材料即可。由于云母带耐温为800℃，有机类耐火电缆一般只能做到B类。而加入隔氧层后，可以耐受950℃高温而达到耐火A类标准。

（2）BTTZ矿物绝缘电缆

这是一种最高级别的耐火电缆，可耐950℃高温燃烧3h完好无损，被燃烧时无烟、无毒，为与一般耐火电缆区别，被称为“防火电缆”。矿物绝缘电缆采用氧化镁作为绝缘材料，铜管作为护套的电缆，火焰温度在铜的熔点1083℃以下时，电缆性能不会受到破坏；除了耐火型外，还有较好的耐喷淋及耐机械撞击性能；同时，矿物绝缘电缆又是一种耐高温电缆，允许在250℃的高温下，长期正常工作；矿物绝缘电缆还有耐腐蚀性，外护层机械强度高等优点，其铜质外护层可兼做PE线，可靠接地。矿物绝缘电缆适用于线芯和护套间电压不超过750V（有效值）的场合。但矿物绝缘电缆须严防潮气侵入，必须配用各类专业接头及附件。

（3）柔性矿物绝缘电缆

在绞合导体外缠绕带状物后再纵包一层可焊接、轧纹或光面铜带作为电缆护套。柔性矿物防火电缆除具有硬质电缆的防火、防爆、耐温、载流量大等优点之外，还提高了耐压等级，如26/35kV隔离型耐火电缆，满足用户更广的需求。

3.2　绝缘材料的应用

电缆的工作电压、环境条件、运行的可靠性、施工和维护的简便性以及允许最高工作温度与造价的综合经济性等直接影响到电缆绝缘材料的应用合理性。同时还应符合防火场所的要求。常用电力电缆最高允许温度见表2.3-4。

常用电力电缆的最高允许温度 **表 2.3-4**

电缆			最高允许温度(℃)	
绝缘类别	形式特征	电压(kV)	持续工作	短路暂态
聚氯乙烯	普通	≤6	70	160
交联聚乙烯	普通	≤500	90	250
橡皮绝缘	橡皮绝缘	≤500	60	200
	乙丙橡胶	≤500	90	250
自容式充油	普通牛皮纸	≤500	80	160
	半合成纸	≤500	85	160

(1) 60℃以上高温场所，应按经受高温及持续时间和绝缘类型要求，选用耐热聚氯乙烯、交联聚乙烯或乙丙橡皮绝缘等耐热型电缆；100℃以上高温环境，宜选用矿物绝缘电缆。高温场所不宜选用普通聚氯乙烯绝缘电缆。−15℃以下低温环境，应按低温条件和绝缘类型要求，选用交联聚乙烯、聚乙烯绝缘、耐寒橡皮绝缘电缆。低温环境不宜用聚氯乙烯绝缘电缆。

(2) 明确需要与环境保护协调时，应选用符合环保要求的电缆绝缘类型，不得选用聚氯乙烯绝缘电缆。防火有低毒性要求时，不宜选用聚氯乙烯电缆。在人员密集的公共设施，以及有低毒阻燃性防火要求的场所，可选用交联聚乙烯或乙丙橡皮等不含卤素的绝缘电缆。

(3) 在满足环境温度、环保要求的前提下，6kV以下回路，可选用聚氯乙烯绝缘电缆。对6kV重要回路或6kV以上的交联聚乙烯电缆，应选用内、外半导电与绝缘层三层共挤工艺特征的形式。

(4) 电缆阻燃等级的选择

阻燃电缆分为A、B、C、D四级，见表2.3-1。

有机材料的阻燃概念是相对的，数量较少时呈阻燃性而数量多时有可能呈不阻燃性。因此电缆成束敷设时，应采用阻燃型电线电缆。按电缆非金属材料体积总量确定阻燃等级。一束敷设多少根多大规格电缆而确保其阻燃性，需依据表2.3-1及电缆产品资料计算得出。当电缆在桥架内敷设时，应考虑将来增加电缆时，也能符合阻燃等级，宜按近期敷设电缆的非金属材料体积预留20%余量。

在不注明阻燃等级的情况下，视为 C 级。

(5) 电缆耐火性能的选择

耐火等级应根据发生火灾可能达到的火焰温度确定。通常油库、炼钢炉或者电缆密集的隧道及电缆夹层内宜选择 A 类，其他为 B 类。当难以确定火焰温度时，也可根据建筑物或工程的重要性确定。特别重要的选 A 类，一般的选 B 类。

第 4 章　电缆的结构及工艺

4.1　电缆的结构

电缆主要由三部分组成：导电线芯，用于传输电能；绝缘层，保证电能沿导电线芯传输，在电气上使导电体与外界隔离；保护层，起保护密闭作用，使绝缘层不受外界潮气侵入，不受外界损伤，保持绝缘性能。普通电缆的结构示意图，见图 2.4-1，BTTZ 矿物绝缘电缆结构示意图，见图 2.4-2，隔离型无机绝缘耐火电缆结构示意图，见图 2.4-3。

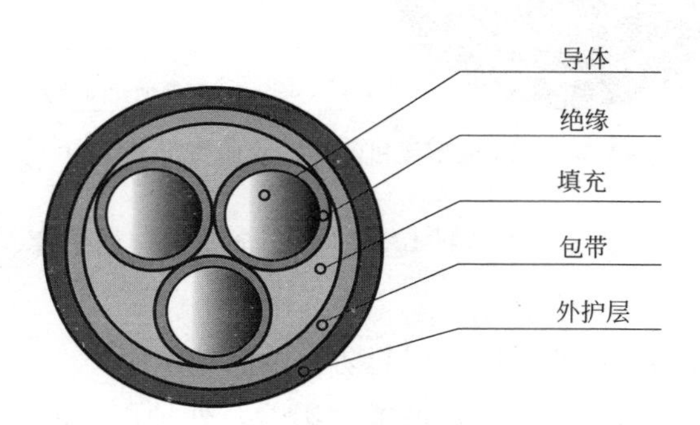

图 2.4-1　普通电缆结构示意

为了使电缆绝缘不受损伤，并满足各种使用条件和环境的要求，在电缆绝缘层外包覆保护层，叫做电缆护层。电缆护层分为内护层和外护层。

(1) 内护层

内护层是包覆在电缆绝缘上的保护覆盖层，用以防止绝缘层受潮、受机械损伤以及光和化学侵蚀性媒质等的作用。内护层有金属的铅护套、平铝护

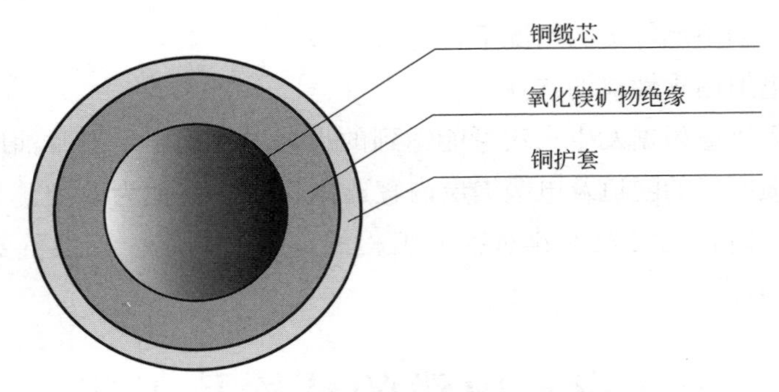

图 2.4-2　BTTZ 矿物绝缘电缆结构示意

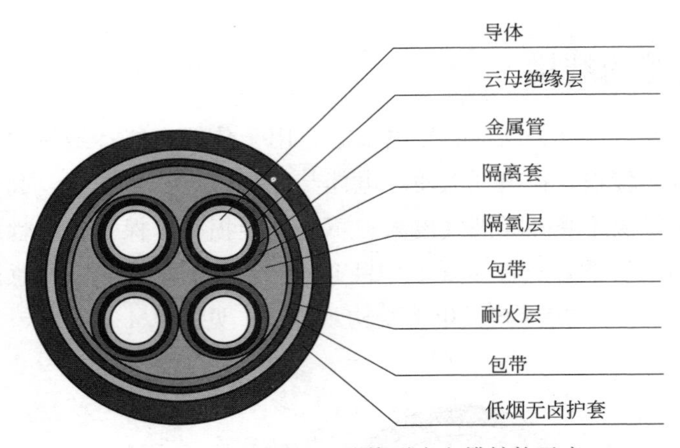

图 2.4-3　隔离型无机绝缘耐火电缆结构示意

套、皱纹铝护套、铜护套、综合护套，以及非金属的塑料护套、橡胶护套等。

(2) 外护层

电缆的最外层，主要对铠装层起防腐蚀保护作用。

铠装层是用来减少机械力对电缆的影响，外护层里的同心层，用来承受作用到电缆上的机械力（抗压或抗张）的保护层，同时也起电场屏蔽和防止外界电磁波干扰的作用。

4.2　电缆的主要工艺与流程

1. 电缆的主要工艺

电缆是通过：拉制、绞制、包覆三种工艺来制作完成的，型号规格越复杂，重复性越高。

（1）拉制

在金属压力加工中，在外力作用下使金属强行通过模具（压轮），金属横截面积被压缩，并获得所要求的横截面面积形状和尺寸的技术加工方法称为金属拉制。

拉制工艺分为：单丝拉制和绞制拉制。

（2）绞制

为了提高电线电缆的柔软度、整体度，让 2 根以上的单线，按着规定的方向交织在一起称为绞制。

绞制工艺分为：导体绞制、成缆、编织、钢丝装铠和缠绕。

（3）包覆

根据对电线电缆不同的性能要求，采用专用的设备在导体的外面包覆不同的材料。包覆工艺分为：

1）挤包：橡胶、塑料、铅、铝等材料。

2）纵包：橡皮、皱纹铝带材料。

3）绕包：带状的纸带、云母带、无碱玻璃纤维带、无纺布、塑料带等，线状的棉纱、丝等纤维材料。

4）浸涂：绝缘漆、沥青等。

2. 电缆制造的基本工艺流程

电缆其基本结构一般是由：导电线芯、绝缘层、保护层三部分组成。为了完成三部分的组合，一般电缆的制造流程为：

拉丝 → 退火 → 绞线 → 绝缘 → 成缆 → 内护层 → 装铠 → 外护套

（1）铜、铝单丝拉制

电线电缆常用的铜、铝杆材，在常温下，利用拉丝机通过一道或数道拉伸模具的模孔，使其截面减小、长度增加、强度提高。拉丝是各电线电缆公司的首道工序，拉丝的主要工艺参数是配模技术。

（2）单丝退火

铜、铝单丝在加热到一定的温度下，以再结晶的方式来提高单丝的韧性、降低单丝的强度，以符合电线电缆对导电线芯的要求。退火工序关键是杜绝铜丝的氧化。

（3）导体的绞制

为了提高电线电缆的柔软度，保持足够时间，然后以适宜速度冷却，以便于敷设安装，导电线芯采取多根单丝绞合而成。从导电线芯的绞合形式上，可分为规则绞合和非规则绞合。非规则绞合又分为束绞、同心复绞、特殊绞合等。

为了减少导线的占用面积、缩小电缆的几何尺寸，在绞合导体的同时采用紧压形式，使普通圆形变异为半圆形、扇形、瓦形和紧压的圆形。此种导体主要应用在电力电缆上。

（4）绝缘挤出

塑料电线电缆主要采用挤包实心型绝缘层，塑料绝缘挤出的主要技术要求：

1）偏心度：挤出的绝缘厚度的偏差值是体现挤出工艺水平的重要标志，大多数的产品结构尺寸及其偏差值在标准中均有明确的规定。

2）光滑度：挤出的绝缘层表面要求光滑，不得出现表面粗糙、烧焦、杂质的不良质量问题。

3）致密度：挤出绝缘层的横断面要致密结实、不准有肉眼可见的针孔，杜绝有气泡的存在。

（5）成缆

对于多芯的电缆为了保证成型度、减小电缆的外形，一般都需要将其绞合为圆形。绞合的机理与导体绞制相仿，由于绞制节径较大，大多采用无退扭方式。成缆的技术要求：一是杜绝异型绝缘线芯翻身而导致电缆的扭弯；二是防止绝缘层被划伤。

大部分电缆在成缆的同时伴随另外两个工序的完成：一个是填充，保证成缆后电缆的圆整和稳定；一个是绑扎，保证缆芯不松散。

（6）内护层

为了保护绝缘线芯不被铠装所疙伤，需要对绝缘层进行适当的保护，内护层分：挤包内护层（隔离套）和绕包内护层（垫层）。绕包垫层代替绑扎带与成缆工序同步进行。

（7）装铠

敷设在地下的电缆，工作中可能承受一定的正压力作用，可选择内钢带铠装结构。电缆敷设在既有正压力作用又有拉力作用的场合（如水中、垂直竖井或落差较大的土壤中），应选用具有内钢丝铠装的结构型。

（8）外护套

外护套是保护电线电缆的绝缘层防止环境因素侵蚀的结构部分。外护套的主要作用是提高电线电缆的机械强度、防化学腐蚀、防潮、防水浸入、阻止电缆燃烧等能力。根据对电缆的不同要求利用挤塑机直接挤包塑料护套。

4.3　BTTZ 矿物绝缘电缆

4.3.1　结构特点

BTTZ 矿物绝缘电缆结构参见图 2.4-2，由铜缆芯、矿物绝缘、铜护套三部分组成。

1. 铜缆芯

截面小于 $25mm^2$ 的电缆可制成 2 芯、3 芯、4 芯，截面大于等于 $25mm^2$ 的电缆缆芯由单根铜棒构成。

2. 绝缘

绝缘为矿物绝缘材料（MgO）制成，粉状的原料经加工后紧紧嵌在缆芯与缆芯、缆芯和铜护套的间隙中。

3. 铜护套

铜护套是一种无缝铜管，经加工紧贴于矿物绝缘上，无缝无间隙，或可采用铜带焊接的铜管。

4.3.2　工艺流程

BTTZ 矿物绝缘电缆的制造方法，分为瓷柱法和灌粉法两种。

在制造时以瓷柱法更为普遍，质量更易保证。由于无缝铜管长度和车间长度、包装运输等原因，电缆长度受到限制，缆芯截面越大，电缆长度越短，大截面电缆长度只有数十米。

4.3.3　BTTZ 矿物绝缘电缆的主要优缺点

1. 优点

（1）优良的耐火性能：电缆的缆芯和护套均为铜，其熔点为 1083℃，绝缘为氧化镁，其熔点为 2800℃。从材料性能满足 950℃、3h 的耐火试验。

(2) 使用温度高，过载能力强：长期连续使用温度可高达 250℃，在火灾状态下，电缆可在接近 1000℃的情况下工作；无机矿物绝缘具有高的绝缘电阻，保证了通电泄漏电流不大，因此电缆可以在高温情况下使用，能承受较大的过载电流和短路电流。

(3) 环保，抗恶劣的环境能力强：铜护套的抗水、耐油、抗腐性能优良，机械强度高，但要保证电缆端部不渗水、不吸潮。

(4) 防爆：氧化镁绝缘经高度压实，可防止气体、蒸汽、湿气和火在电缆连接的设备和零件之间通过。

(5) 低的接地电阻：电缆的铜护套阻抗值低，可兼做保护的中性线 (PE 线)。

(6) 使用寿命长：由于电缆的所用材料都为无机材料，基本上没有出现老化现象，电缆铜护套在大气和特殊环境中具有良好抗蚀性，保证电缆的性能长期稳定，电缆寿命长。

2. 缺点

1) 太硬，弯曲性能差：由于结构原因，工艺上反复拉拔和退火，使电缆的缆芯、绝缘和护套紧密结合，像一根铜棒；大截面电缆十分坚硬。

2) 电缆芯数少：截面大于等于 $25mm^2$ 的电缆均为单芯。

3) 长度短、接头多、安装敷设困难：由于铜管的长度受到限制，电缆制造时虽经过多次拉伸增长，但长度增长有限，特别对大截面线芯的电缆，长度增长更少，当线路距离较长时，只能通过接头方式，把多根电缆串接起来而增长。但因氧化镁材料极易吸潮而降低绝缘电阻，因此接头处须仔细处理、妥善密封，增加了施工难度。

第 5 章 电缆的载流量

电缆的载流量是在正常工作的情况下，以电流持续期间产生的热效应为条件，为了导体和绝缘的合理寿命而提出的。

电缆的载流量取决于下列因素：

（1）电线、电缆的材质。如线芯导电材料的损耗大小，绝缘材料的允许长期工作温度和允许短路温度。

（2）敷设处的环境温度。环境温度是指电线、电缆无负荷时周围介质温度。在不同的环境温度下，电线、电缆允许的载流量尚应乘以相应的校正系数。

（3）敷设方式。

（4）土壤热阻系数。土壤热阻系数是指土壤与电缆表面界面的热阻，它和界面大小、土壤性质、土壤密度、含水量及电缆表面温度等因素有关。当电缆直埋地或穿管埋地时，除土壤温度外，土壤热阻系数是另一个影响电缆载流量的主要因素。

（5）多回路敷设时的载流量修正。

（6）电缆户外敷设。电缆户外敷设且无遮阳时，载流量应乘以相应的校正系数。

（7）穿管敷设是指电线、电缆穿管明敷在空气中或暗敷在墙内、楼板内、地坪下。环境温度采用敷设地点的最热月平均最高温度。

（8）电缆在电缆沟内敷设。应依据散热条件及阳光直射等因素选定环境温度；当电缆数量较多，采用电缆隧道敷设时，依据通风情况选择环境温度，当采取机械通风时，电缆的载流量应根据隧道内的计算温度来确定。

以上并未考虑电击防护、热效应保护、过电流保护、电压降等因素的限制条件；另外，在电缆选用时适当放大电缆截面可以达到更加经济合理的效果。在电气设计过程中，这些都应被充分考虑，在电缆实际选购时应尊重原设计，不单以某一或某几种因素擅自变更电缆规格。

第 6 章　常用电力电缆的电气性能

6.1　电力电缆型号编制及应用

电力电缆的品种很多。中低压电缆（一般指 35kV 及以下）包括：黏性浸渍纸绝缘电缆、不滴流油浸纸绝缘电缆、聚氯乙烯绝缘电缆、聚乙烯绝缘电缆、交联聚乙烯绝缘电缆、天然橡皮绝缘电缆、丁基橡皮绝缘电缆、乙丙橡皮绝缘电缆等。

电力电缆型号编制方法见表 2.6-1。

电力电缆型号编制方法　　　　表 2.6-1

类别、用途	绝缘材料	导体材料	内护层材料	结构特征	铠装	外护层
ZR-阻燃；NH-耐火；WD-低烟无卤	V-聚氯乙烯	L-铝线芯 T-铜线芯（一般省略）	V-聚氯乙烯护套	D-不滴流	0-无	0-无
	X-橡皮		Y-聚乙烯护套	F-分相	2-双钢带	1-纤维外被
	Y-聚乙烯		L-铝护套	CY-充油	3-细圆钢丝	2-聚氯乙烯护套
	YJ-交联聚乙烯		Q-铅护套	P-贫油干绝缘	4-粗钢丝	3-聚乙烯护套
	Z-纸绝缘		H-橡胶护套	P-屏蔽		
			F-氯丁橡胶护套	Z-直流		

6.2　聚氯乙烯绝缘聚氯乙烯护套电缆

聚氯乙烯绝缘聚氯乙烯护套电缆主要技术要求见表 2.6-2。

聚氯乙烯绝缘聚氯乙烯护套电缆主要技术要求　　　　表 2.6-2

序号	电缆名称	电缆型号	主要技术要求	运用场所	备注
1	聚氯乙烯绝缘聚氯乙烯护套	VV-1kV	制造工艺简单，没有敷设高差限制，重量轻，弯曲性能好，接头制作简便；耐油、耐酸碱腐蚀，不延燃；额定电压 U_0/U 为 0.6/1kV；电缆导体的最高额定温度为 70℃；短路时（最长持续时间不超过 5s）电缆导体的最高温度不超过 160℃；电缆敷设时的环境温度应不低于 0℃，其最小弯曲半径 15D（3 芯）	敷设在室内、隧道及管道中，电缆不能承受压力和机械外力作用。代替了油浸纸绝缘电缆、滴干绝缘和不滴流浸渍纸绝缘电缆。其绝缘电阻较油浸纸绝缘电缆低，介质损耗较高，因此 6kV 较重要回路电缆，不宜用聚氯乙烯绝缘型	由内而外分别为导体、绝缘层、填充层、（钢带层）护套层。填充层一般为较为柔软的尼龙材料

续表

序号	电缆名称	电缆型号	主要技术要求	运用场所	备注
2	阻燃聚氯乙烯绝缘聚氯乙烯护套	ZRVV-1kV	结构简单,使用方便。其阻燃性能分成A、B、C三种不同的阻燃类别,A级类别的阻燃性能最优。其他同VV电缆	适用于电缆敷设密集程度较高的场所	
3	耐火聚氯乙烯绝缘聚氯乙烯护套	NHVV-1kV	电缆除了能在正常工作条件下传输电力外,电缆在着火燃烧时仍能保持一定时间的正常运行。其他同VV电缆	可敷设在对耐火有要求的室内、隧道及管道中	
4	聚氯乙烯绝缘钢带铠装聚氯乙烯护套电力电缆	VV_{22}-1kV	最小弯曲半径12D(3芯)	可直埋于地下,能承受一定的机械外力作用。单芯电缆不允许敷设在产生磁性的管道中	
5	聚氯乙烯绝缘细钢丝铠装聚氯乙烯护套电力电缆	VV_{33}-1kV	最小弯曲半径12D(3芯)	可直埋于地下,能承受一定的机械外力作用,能承受相当的拉力。单芯电缆不允许敷设在产生磁性管道中	

6.3 交联聚乙烯绝缘聚氯乙烯护套电缆

交联聚乙烯绝缘聚氯乙烯护套电缆主要技术要求见表2.6-3。

交联聚乙烯绝缘聚氯乙烯护套电缆主要技术要求　　表2.6-3

序号	电缆名称	电缆型号	主要技术要求	运用场所	备注
1	交联聚乙烯绝缘聚氯乙烯护套	YJV-1kV	工频额定电压:$U_0/U(U_m)$ 0.6/1(1.2)kV;电缆导体的允许长期工作最高温度90℃;短路时(最长持续时间不超过5s)电缆导体允许最高温度不超过250℃;电缆敷设时环境温度应不低于0℃;电缆弯曲半径不小于电缆外径15倍	一般YJV电缆工作的电压范围可达6～500kV。适用于配电网或工业装置中固定敷设之中	交联聚乙烯绝缘比聚氯乙烯绝缘具有更强的耐高温性,更环保

续表

序号	电缆名称	电缆型号	主要技术要求	运用场所	备注
2	阻燃交联聚乙烯绝缘聚氯乙烯护套	ZRYJV-1kV	具有良好的电气性能和化学稳定性，结构简单，使用方便。其阻燃性能分成A、B、C三种不同的阻燃类别，A级类别的阻燃性能最优，用户可根据需要选用。其他同YJV电缆	适用普通建筑内的一般设备配电	
3	耐火交联聚乙烯绝缘聚氯乙烯护套	NHYJV-1kV	电缆除了能在正常的工作条件下传输电力外，电缆在着火燃烧时仍能保持一定时间的正常运行。耐火试验分A、B两种级别，A级火焰温度950～1000℃，持续供火时间90min，B级火焰温度750～800℃，持续供火时间90min。最小弯曲半径6*D*(3芯)。其他同YJV电缆	适用普通建筑内与防火安全和消防救生有关的地方	
4	交联聚乙烯绝缘钢带铠装聚氯乙烯护套电力电缆	YJV_{22}-1kV	同YJV电缆 最小弯曲半径12*D*(3芯)	单芯电缆不允许敷设在磁性管道中。可敷设在地下、电缆能承受机械外力作用，但不能承受大的拉力	
5	交联聚乙烯绝缘细钢丝铠装聚氯乙烯护套电力电缆	YJV_{32}-1kV	同YJV电缆 最小弯曲半径12*D*(3芯)	单芯电缆不允许敷设在产生磁性管道中。可直接敷设在地下、竖井、水下，能承受较大的拉力	

6.4 低烟无卤交联聚乙烯绝缘聚乙烯护套电缆

低烟无卤交联聚乙烯绝缘聚乙烯护套电缆主要技术要求见表2.6-4。

低烟无卤交联聚乙烯绝缘聚乙烯护套电缆主要技术要求　　表 2.6-4

序号	电缆名称	电缆型号	主要技术要求	运用场所	备注
1	阻燃低烟无卤交联聚乙烯绝缘聚乙烯护套	WDZ-YJY-1kV	抗张强度比一般PVC电线大；具有良好的耐寒性（－30～105℃）；具备良好的柔软度（硬度为80～90）；具有非移性（因为此产品配方中不用添加可塑剂，故不会有移形性）；燃烧时不会产生有毒黑烟（会产生少量白色烟雾），酸气含量在0～5%的范围，酸气pH值≥4.3；电导率≤10μS/mm；烟气透光率＞60%；具有较高的体积电阻率：PVC电线一般1012～1015Ω/cm^3，低烟无卤电线大于1016Ω/cm^3；具有良好的耐高压特性：PVC电线一般耐10kV以上，而低烟无卤电线高达15kV以上；具有良好的弹性和黏性。且电缆燃烧时不发生卤素气体，电缆弯曲半径不小于电缆外径8倍	一类高层建筑以及重要的公共场所等防火要求高的建筑物；人员较集中，空气密度低的场所； 对电缆阻燃特性要求高的场合；电缆的无卤低烟，当火灾发生时，蔓延速度慢，烟浓度低，可见度高，有害气体释放量小，便于人员撤离。燃烧气体的腐蚀性小，也避免了对仪器设备的损害	交联技术是指通过化学方式（如加入交联剂）或物理方法（如辐照）来实现大分子的交联反应，使线性聚合物变成具有三度空间网络结构的聚合物的技术。结合辐照交联技术与阻燃技术，所制得的线缆材料具有优良的阻燃性、高耐热性、优秀的物理机械性。通过辐照交联反应可提高聚合物的成炭性，进而提高其阻燃性
2	低烟无卤耐火交联聚乙烯绝缘聚乙烯护套	WDZN-YJY-1kV	耐火层是由无机物与一般有机物复合而成。耐火试验分A、B两种级别，A级火焰温度950～1000℃，持续供火时间90min，B级火焰温度750～800℃，持续供火时间90min。电缆最高长期工作温度90°；电缆弯曲半径不小于电缆外径8倍（无卤低烟阻燃电缆和含卤阻燃电缆相比，有低腐蚀、低烟的优点，但电性能及机械性能明显降低，所以在进行电缆敷设时，无卤低烟阻燃电缆应较含卤阻燃电缆有更大的弯曲半径）	应用于高层建筑、地下铁道、地下街、大型电站及重要的工矿企业等人员较集中，空气密度低的场所的与防火安全和消防救生有关的地方，例如，消防设备及紧急向导灯等应急设施的供电线路和控制线路	

6.5　金属护套无机矿物绝缘电缆

无机矿物绝缘电缆主要技术要求见表2.6-5。

无机矿物绝缘电缆主要技术要求　　表 2.6-5

序号	电缆名称	电缆型号	主要技术要求	运用场所	备注
1	氧化镁矿物绝缘电缆	BTTZ-0.75kV	由矿物材料氧化镁粉作为绝缘的铜芯铜护套电缆。可耐连续运行温度高达250℃，在紧急情况下，电缆可在接近铜护套熔点的温度下，短时间内继续运行，是一种真正意义上的防火电缆。并能通过BS6387 C、W、Z试验。A级650℃、180min；B级750℃、180min；C级950℃、180min；成本高、施工难度大、接头处易受潮；防爆耐腐；耐机械损伤、寿命长、无卤无毒；耐过载（与普通塑料电缆相比，矿物绝缘电缆的载流能力可以提高一个截面等级）、铜护套可以作接地线。BTTZ电缆凡规格超过25mm的均为单芯电缆，电缆弯曲半径不小于电缆外径6倍，敷设不用穿管	超高层建筑与防火安全和消防救生有关的地方应采用无机矿物绝缘电缆（例如，消防设备及紧急向导灯等应急设施的供电线路和控制线路）；一类高层建筑的消防设备供电干线及分支干线宜采用无机矿物绝缘电缆	
2	无机矿物绝缘电缆	YTTW-1kV	电缆结构：铜导体、耐高温（1375℃）不会燃烧的无机（矿物）绝缘带绝缘、外铜套；可通过BS6387三项考核：即950℃ 3h火焰下不击穿，650℃ 30min后承受15min的水喷淋（直接浸水亦可），950℃火焰下承受15min的敲击振动而不损坏；25～240m^{2}规格可生产1～5芯300～630m^{2}可生产单芯，长度可根据用户需要，整根无接头整盘交货。具有小幅度的柔软性，弯曲有限。电缆弯曲半径不小于电缆外径16倍	应用于高层建筑、地下铁道、地下街、大型电站及重要的工矿企业等人员较集中，空气密度低的场所以及与防火安全和消防救生有关的场所	

第3篇　电缆制造标准附摘录[①]

第1章　《电缆的导体》GB/T 3956—2008部分原文摘录

3　分类

导体共分四种：第1种、第2种、第5种和第6种。第1种和第2种导体用于固定敷设的电缆中。第5种和第6种导体用于软电缆和软线中，也可用于固定敷设。

——第1种：实心导体；

——第2种：绞合导体；

——第5种：软导体；

——第6种：比第5种更柔软的导体。

4.1　引言

导体应包含以下类型之一：

——不镀金属或镀金属的退火铜线；

——铝或铝合金线。

5.1　实心导体（第1种）

5.1.1　结构

a）实心导体（第1种）应由第4章规定的材料之一构成；

b）实心铜导体应为圆形截面；

注： 标称截面积25mm^{2}及以上的实心铜导体用于特殊类型的电缆，如矿物绝缘电缆，而非一般用途。

---

① 本篇中变换字体部分均为摘录的相关标准的原文。

c）截面积 $10mm^2$～$35mm^2$ 的实心铝导体和实心铝合金导体应是圆形截面。对于单芯电缆，更大尺寸的导体应是圆形截面；而对多芯电缆，可以是圆形或成型截面。

5.1.2 电阻

按第7章测量时，每根导体20℃时的电阻值不应超过表1中规定的最大值。

注： 对于具有与铝导体相同标称截面积的实心铝合金导体，表1中给出的电阻值可乘以1.162的系数，除非制造方和买方另有规定。

5.2 非紧压绞合圆形导体（第2种）

5.2.1 结构

a）非紧压绞合圆形导体（第2种）应由第4章规定的材料之一构成；

b）绞合铝导体或铝合金导体的截面积不应小于 $10mm^2$；

c）每根导体的单线应具有相同的标称直径；

d）每根导体的单线数量不应小于表2规定的相应的最小值。

5.2.2 电阻

按第7章测定的20℃时每种导体的电阻值不应超过表2规定的最大值。

5.3 紧压绞合圆形导体和绞合成型导体（第2种）

5.3.1 结构

a）紧压绞合圆形导体和绞合成型导体（第2种）应由第4章规定的材料之一构成。紧压绞合圆形铝导体或铝合金导体的标称截面积不应小于 $10mm^2$。绞合成型的铜导体、铝导体或铝合金导体的标称截面积不应小于 $25mm^2$。

b）同一导体内不同单线的直径之比应不大于2。

c）每种导体内的单线数量应不少于表2给出的相应最小值。

注： 这一要求适用于紧压前由圆形单线组成的导体，而非预制成型的单线组成的导体。

5.3.2 电阻

按第7章测定的20℃时每种导体的电阻值不应超过表2规定的对应值。

7　符合第 5 章和第 6 章要求的检验

按照 5.1.1、5.2.1、5.3.1 和 6.1 的要求，应用可行的检查和测量方法对电缆成品进行检验。

按照 5.1.2、5.2.2、5.3.2 和 6.2 的要求，应按附录 A 进行测量，并按表 A.1 的温度校正系数进行修正。

表 1　单芯和多芯电缆用第 1 种实心导体

标称截面积/mm²	20℃时导体最大电阻/(Ω/km)		
	圆形退火铜导体		铝导体和铝合金导体，圆形或成型[c]
	不镀金属	镀金属	
0.5	36.0	36.7	—
0.75	24.5	24.8	—
1.0	18.1	18.2	—
1.5	12.1	12.2	—
2.5	7.41	7.56	—
4	4.61	4.70	—
6	3.08	3.11	—
10	1.83	1.84	3.08[a]
16	1.15	1.16	1.91[a]
25	0.727[b]	—	1.20[a]
35	0.524[b]	—	0.868[a]
50	0.387[b]	—	0.641
70	0.268[b]	—	0.443
95	0.193[b]	—	0.320[d]
120	0.153[b]	—	0.253[d]
150	0.124[b]	—	0.206[d]
185	0.101[b]	—	0.164[d]
240	0.0775[b]	—	0.125[d]
300	0.0620[b]	—	0.100[d]
400	0.0465[b]	—	0.0778
500	—	—	0.0605
630	—	—	0.0469
800	—	—	0.0367
1000	—	—	0.0291
1200	—	—	0.0247

[a] 仅适用于截面积 10mm²～35mm² 的圆形铝导体；见 5.1.1c)。

[b] 见 5.1.1b)注。

[c] 见 5.1.2 注。

[d] 对于单芯电缆，四根扇形成型导体可以组合成一根圆形导体，该组合导体的最大电阻值应为单根构件导体的 25%。

表 2　单芯和多芯电缆用第 2 种绞合导体

标称截面积 /mm²	导体的最少单线数量						20℃时导体最大电阻/(Ω/km)		
	圆形		紧压圆形		成型		退火铜导体		铝或铝合金导体[c]
	铜	铝	铜	铝	铜	铝	不镀金属单线	镀金属单线	
0.5	7	—	—	—	—	—	36.0	36.7	—
0.75	7	—	—	—	—	—	24.5	24.8	—
1.0	7	—	—	—	—	—	18.1	18.2	—
1.5	7	—	6	—	—	—	12.1	12.2	—
2.5	7	—	6	—	—	—	7.41	7.56	—
4	7	—	6	—	—	—	4.61	4.70	—
6	7	—	6	—	—	—	3.08	3.11	—
10	7	7	6	6	—	—	1.83	1.84	3.08
16	7	7	6	6	—	—	1.15	1.16	1.91
25	7	7	6	6	6	6	0.727	0.734	1.20
35	7	7	6	6	6	6	0.524	0.529	0.868
50	19	19	6	6	6	6	0.387	0.391	0.641
70	19	19	12	12	12	12	0.268	0.270	0.443
95	19	19	15	15	15	15	0.193	0.195	0.320
120	37	37	18	15	18	15	0.153	0.154	0.253
150	37	37	18	15	18	15	0.124	0.126	0.206
185	37	37	30	30	30	30	0.0991	0.100	0.164
240	37	37	34	30	34	30	0.0754	0.0762	0.125
300	61	61	34	30	34	30	0.0601	0.0607	0.100
400	61	61	53	53	53	53	0.0470	0.0475	0.0778
500	61	61	53	53	53	53	0.0366	0.0369	0.0605
630	91	91	53	53	53	53	0.0283	0.0286	0.0469
800	91	91	53	53	—	—	0.0221	0.0224	0.0367
1000	91	91	53	53	—	—	0.0176	0.0177	0.0291
1200	b						0.0151	0.0151	0.0247
1400[a]	b						0.0129	0.0129	0.0212
1600	b						0.0113	0.0113	0.0186
1800[a]	b						0.0101	0.0101	0.0165
2000	b						0.0090	0.0090	0.0149
2500	b						0.0072	0.0072	0.0127

[a]这些尺寸不推荐。其他不推荐的尺寸针对某些特定应用，但未包含进本标准范围内。

[b]这些尺寸的最小单线数量未作规定。这些尺寸可以由 4、5 或 6 个均等部分(Milliken)构成。

[c]对于具有与铝导体标称截面积的相同的绞合铝合金导体，其电阻值宜由制造方与买方商定。

第 2 章　《阻燃和耐火电线电缆通则》GB/T 19666—2005 部分原文摘录

3　术语和定义

3.1　阻燃 flame retardance

在规定试验条件下，试样被燃烧，在撤去火源后，火焰在试样上的蔓延仅在限定范围内并且自行熄灭的特性，即具有阻止或延缓火焰发生或蔓延的能力。

3.2　耐火 fire resistance

在规定的火源和时间下燃烧时能持续地在指定状态下运行的能力，即保持线路完整性的能力。

3.3　无卤 halogen free

不含卤素，燃烧产物的腐蚀性较低。

3.4　低烟 low smoke

燃烧时产生的烟尘较少，即透光率（能见度）较高。

4　型号

4.1　型号组成

阻燃和耐火电线电缆的型号由产品燃烧特性代号和相关电线电缆型号两部分组成，见图 1。

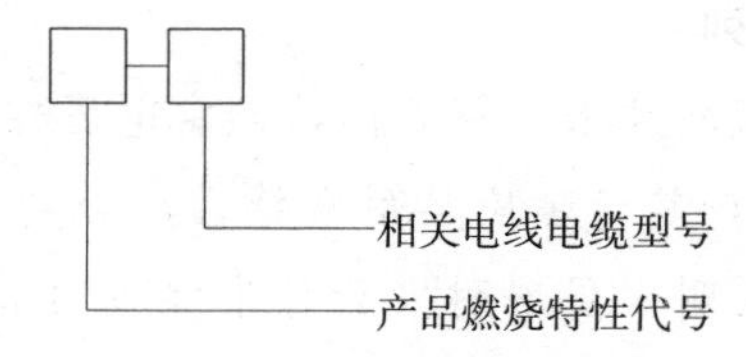

图 1　阻燃和耐火电线电缆的型号组成

5.4　低烟特性要求

低烟性能必须符合表 7 的规定。

表 7　低烟性能要求

代号	试样外径 d/mm	试样数	最小透光率/%	试验方法
D	$d>40$ $20<d\leqslant 40$ $10<d\leqslant 20$ $5\leqslant d\leqslant 10$ $2\leqslant d\leqslant 5$	1(根) 2(根) 3(根) 45/d(根)[a] 45/3d(根)[a,b]	≥60	GB/T 17651.2

[a]计算值舍去小数取整数(根或束)。
[b]每束试样由 7 根绞合构成。

6.3.2　无卤低烟阻燃电线电缆

本产品所用材料均不含卤，燃烧产物的腐蚀性和产生的烟雾很低。按阻燃特性分为五个级别：

单根阻燃 Z，其阻燃性能应符合本标准第 5.1.1 条的规定。

成束阻燃 ZA、ZB、ZC、ZD，其成束阻燃性能应符合本标准第 5.1.2 条的规定。

本产品的护套和/或绝缘可选用无卤低烟阻燃材料，如附录 B 中的无卤低烟阻燃聚乙烯或聚烯烃 WJ1、WJ2、WH1、WH2，并可选用合适的辅助材料作填充、包带或阻燃增强层，使产品达到相应的阻燃级别。在一般情况下，护套可采用热塑性无卤低烟阻燃护套 WH1。在要求耐油的场合，可采用热固性无卤低烟阻燃护套料 WH2。

本产品使用的材料均应无卤，即测得 pH 加权值和电导率加权值应符合本标准第 5.3 条的规定，且用成品测得的烟密度（最小透光率）应符合本标准第 5.4 条的规定。

6.4　耐火电线电缆系列

本产品的电线电缆必须采用铜导体，额定电压在 0.6/1kV 及以下（更高电压等级在考虑中），其绝缘应具耐火特性，否则在导体和/或电缆缆芯上应设置耐火层。常用耐火层用耐火云母带绕包而成，其厚度、层数及绕包迭盖率由制造厂设计确定。耐火云母带的性能可参照本标准附录 C 的规定。如该耐火层在导体和绝缘层之间，则允许绝缘层厚度可以减薄，但减薄后的厚度不应小于原标准厚度的 80%。允许在耐火层上设置增强层。制成品的耐火性能即线路完整性应符合本标准第 5.2 条的规定。

本系列产品的阻燃性能必须符合本标准第5.1条的规定。无卤低烟产品还应符合本标准第5.3条和第5.4条的规定。

注：设置耐火层往往导致电线电缆尺寸的增大，需方不能以此作为拒收的理由。

7　验收规则

7.1　除本标准另有规定外，其他应符合相关产品标准的规定。

7.2　本标准规定之燃烧特性要求，包括阻燃特性（第5.1条）、耐火特性（第5.2条）、无卤低烟特性（第5.3和第5.4条）均为型式试验项目。

注：鉴于此类产品的安全性要求和电缆材料常有变化的实际情况，作为制造厂的中间质量控制手段，有关燃烧特性试验至少每半年或一年应进行一次。

第3章　《额定电压1kV（U_m=1.2kV）到35kV（U_m=40.5kV）挤包绝缘电力电缆及附件　第1部分：额定电压1kV（U_m=1.2kV）和3kV（U_m=3.6kV）电缆》GB/T 12706.1—2008部分原文摘录

4.2　绝缘混合料

本部分所涉及绝缘混合料及其代号列于表2。

表2　绝缘混合料

绝缘混合料	代号
a)热塑性的	
用于额定电压 $U_0/U \leqslant 1.8/3$kV 电缆的聚氯乙烯	PVC/A[a]
b)热固性的	
乙丙橡胶或类似绝缘混合料(EPR或EPDM)	EPR
高弹性模数或高硬度乙丙橡胶	HEPR
交联聚乙烯	XLPE
[a]聚氯乙烯为基料的绝缘混合料用于额定电压 U_0/U=3.6/6kV 电缆时，在GB/T 12706.2—2008中表示为PVC/B。	

本部分所包括的各种绝缘混合料的导体最高温度列于表3。

表 3　各种绝缘混合料的导体最高温度

绝缘混合料	导体最高温度/℃	
	正常运行	短路(最长持续 5s)
聚氯乙烯(PVC/A)	—	—
导体截面≤$300mm^2$	70	160
导体截面>$300mm^2$	70	140
交联聚乙烯(XLPE)	90	250
乙丙橡胶(EPR 和 HEPR)	90	250

表 3 中的温度由绝缘材料的固有特性决定，在使用这些数据计算额定电流时其他因素的考虑也是很重要的。

例如在正常运行条件下，如果电缆直接埋入地下，按表中所规定的导体最高温度作连续负荷（100%负荷因数）运行，电缆周围的土壤热阻系数经过一定时间后，会因干燥而超过原始值，因此导体温度可能大大地超过最高温度，如果能预料这类运行条件，应当采取适当的预防措施。

短路温度的导则宜参照 IEC 60724：2000。

4.3　护套混合料

本部分不同类型护套混合料电缆的导体最高温度列于表 4 中。

表 4　不同类型护套混合料电缆的导体最高温度

护套混合料	代号	正常运行时导体最高温度/℃
a)热塑性		
聚氯乙烯(PVC)	ST_1	80
	ST_2	90
聚乙烯	ST_3	80
	ST_7	90
无卤阻燃材料	ST_8	90
b)弹性体		
氯丁橡胶、氯磺化聚乙烯或类似聚合物	SE_1	85

6　绝缘

6.1　材料

绝缘应为表 2 所列的一种挤包成型的介质。

无卤电缆的绝缘应符合表 23 的规定。

6.2　绝缘厚度

绝缘标称厚度规定在表5到表7中。

任何隔离层的厚度应不包括在绝缘厚度之中。

表6　交联聚乙烯（XLPE）绝缘标称厚度

导体标称截面积/mm^2	额定电压$U_0/U(U_m)$下的绝缘标称厚度/mm	
	0.6/1(1.2)kV	1.8/3(3.6)kV
1.5,2.5	0.7	—
4,6	0.7	—
10,16	0.7	2.0
25,35	0.9	2.0
50	1.0	2.0
70,95	1.1	2.0
120	1.2	2.0
150	1.4	2.0
185	1.6	2.0
240	1.7	2.0
300	1.8	2.0
400	2.0	2.0
500	2.2	2.2
630	2.4	2.4
800	2.6	2.6
1000	2.8	2.8
注:不推荐任何小于以上给出的导体截面积。		

7　多芯电缆的缆芯、内衬层和填充物

多芯电缆的缆芯与电缆的额定电压及每根绝缘线芯上有否金属屏蔽层有关。

下述7.1～7.3不适用于由有护套单芯电缆成缆的缆芯。

7.1　内衬层与填充

7.1.1　结构

内衬层可以挤包或绕包。

除五芯以上电缆外，圆形绝缘线芯电缆只有在绝缘线芯间的间隙被密实填充时，才可采用绕包内衬层。

挤包内衬层前允许用合适的带子扎紧。

7.1.2 材料

用于内衬层和填充物的材料应适合电缆的运行温度并和电缆绝缘材料相容。

无卤电缆的内衬层和填充应符合表23的规定。

7.1.3 挤包内衬层厚度

挤包内衬层的近似厚度应从表8中选取。

表8 挤包内衬层厚度

缆芯假设直径/mm		挤包内衬层厚度近似值/mm
—	≤25	1.0
>25	≤35	1.2
>35	≤45	1.4
>45	≤60	1.6
>60	≤80	1.8
>80	—	2.0

7.1.4 绕包内衬层厚度

缆芯假设直径为40mm及以下时，绕包内衬层的近似厚度取0.4mm；如大于40mm时，则取0.6mm。

7.2 额定电压0.6/1kV电缆

额定电压0.6/1kV电缆可以在绝缘线芯外包覆统包金属层。

注：电缆采用金属层与否，应取决于有关规范和安装要求，以免可能遭受机械损伤或直接电接触的危险。

13 外护套

13.1 概述

所有电缆都应具有外护套。

外护套通常为黑色，但也可以按照制造方和买方协议采用黑色以外的其他颜色，以适应电缆使用的特定环境。

外护套应经受GB/T 3048.10—2007规定的火花试验。

注：紫外稳定性试验在考虑中。

13.2　材料

外护套为热塑性材料（聚氯乙烯，聚乙烯或无卤材料）或弹性体材料（聚氯丁烯，氯磺化聚乙烯或类似聚合物）。

如果要求在火灾时电缆能阻止火焰的燃烧、发烟少以及没有卤素气体释放，应采用无卤型护套材料。无卤阻燃电缆的外护套（ST_8）应符合表23的规定。

外护套材料应与表4中规定的电缆运行温度相适应。

在特殊条件下（例如为了防白蚁）使用的外护套，可能有必要使用化学添加剂，但这些添加剂不应包括对人类及环境有害的材料。

注：例如不希望采用的材料包括：

- 氯甲桥萘（艾氏剂）：1、2、3、4、10、10-六氯代-1、4、4a、5、8、8a-六氢化-1、4、5、8-二甲桥萘；
- 氧桥氯甲桥萘（狄氏剂）：1、2、3、4、10、10-六氯代-6、7-环氧-1、4、4a、5、6、7、8、8a-八氢-1、4、5、8-二甲桥萘；
- 六氯化苯（高丙体六六六）：1、2、3、4、5、6-六氯代-环乙烷γ异构体。

13.3　厚度

若无其他规定，挤包护套标称厚度值 T_s（以 mm 计）应按下列公式计算：

$$T_s = 0.035D + 1.0$$

式中：

D——挤包护套前电缆的假设直径，单位为毫米（mm）（见附录A）。

按上式计算出的数值应修约到0.1mm（见附录B）。

无铠装的电缆和护套不直接包覆在铠装、金属屏蔽或同心导体上的电缆，其单芯电缆护套的标称厚度应不小于1.4mm，多芯电缆护套的标称厚度应不小于1.8mm。

护套直接包覆在铠装、金属屏蔽或同心导体上的电缆，护套的标称厚度应不小于1.8mm。

15.3　电压试验

15.3.1　概述

电压试验应在环境温度下进行。制造方可选择采用工频交流电压或直流电压。

15.3.2 单芯电缆试验步骤

单芯屏蔽电缆的试验电压应施加在导体与金属屏蔽之间，时间为5min。

单芯无屏蔽电缆应将其浸入室温水中1h，在导体和水之间施加试验电压5min。

注：单芯无金属层电缆的火花试验在考虑中。

15.3.3 多芯电缆试验步骤

对于分相屏蔽的多芯电缆，在每一相导体与金属层间施加试验电压5min。

对于非分相屏蔽的多芯电缆，应依次在每一绝缘导体对其余导体和绕包金属层（若有）之间施加试验电压5min。

导体可适当地连接在一起依次施加试验电压进行电压试验以缩短总的试验时间，只要连接顺序可以保证电压施加在每一相导体与其他导体和金属层（若有）之间至少5min而不中断。

三芯电缆也可采用三相变压器，一次完成试验。

15.3.4 试验电压

工频试验电压为$2.5U_0+2$kV，对应标准额定电压的单相试验电压如表11。

表11 例行试验电压

额定电压U_0/kV	0.6	1.8
试验电压/kV	3.5	6.5

若用三相变压器同时对三芯电缆进行电压试验，相间试验电压应取上表所列数据的1.73倍。

当电压试验采用直流电压时，直流电压值应为工频交流电压值的2.4倍。

在任何情况下，电压都应逐渐升高到规定值。

16.5.2 对绝缘的要求

每一段绝缘线芯，绝缘厚度测量值的平均值在按附录B修约到0.1mm

后，应不小于规定的标称厚度；其最小测量值应不低于规定标称值的 90%－0.1mm，即：

$$t_m \geq 0.9t_n - 0.1$$

式中：

t_m——最小厚度，单位为毫米（mm）；

t_n——标称厚度，单位为毫米（mm）。

表 21　无卤护套混合料的特殊性能试验要求

序号	试验项目(混合料代号见 4.2 和 4.3)	单位	ST_8
1	高温压力试验(GB/T 2951.31—2008 中第 8 章)		
1.1	温度(偏差±2℃)	℃	80
2	低温性能试验[a](GB/T 2951.14—2008 中第 8 章)		
2.1	未经老化前进行试验		
	——直径<12.5mm 的低温弯曲试验		
	——温度(偏差±2℃)	℃	−15
2.2	哑铃片的低温拉伸试验		
	温度(偏差±2℃)	℃	−15
2.3	低温冲击试验		
	温度(偏差±2℃)	℃	−15
3	吸水试验(GB/T 2951.13—2008 中 9.1)重量法		
3.1	温度(偏差±2℃)	℃	70
3.2	持续时间	h	24
3.3	最大增加重量	mg/cm^2	10
[a]因气候条件,购买方可以要求采用更低的温度。			

表 23　无卤混合料的试验方法和要求

序号	试 验 项 目	单位	要求
1	酸气含量试验(GB/T 17650.1—1998)		
1.1	溴和氯含量(以 HCl 表示),最大值	%	0.5
2	氟含量试验(IEC 60684-2:2003)		
2.1	氟含量,最大值	%	0.1
3	pH 值和电导率试验(GB/T 17650.2—1998)		
3.1	pH 值,最小值		4.3
3.2	电导率,最大值	μS/mm	10
注:毒性指数试验在考虑中。			

第4章 《额定电压750V及以下矿物绝缘电缆及终端 第1部分：电缆》GB/T 13033.1—2007部分原文摘录

6 绝缘

6.1 组成

绝缘应由紧压成形的粉末矿物密实体组成，其绝缘的电气性能应使成品电缆符合本部分的试验要求。

6.2 厚度

导体之间及每根导体与铜护套之间的绝缘标称厚度如表7和表10规定。

按照13.4测量时电缆绝缘最小厚度应不小于规定标称值的80%－0.1mm。

7 金属护套

7.1 材料

护套应为普通退火铜或铜合金材料。按照13.3规定测量铜护套电阻并校正为20℃时的数值，应符合表9和表12的规定值。

7.2 护套厚度

铜护套平均厚度应不小于表8和表11规定的标称厚度。但任一处的厚度可以小于标称值，只要其与标称值的差值不大于标称值的10%。厚度测量应按照13.5规定进行。

7.3 护套外径和椭圆度

当按照11.6测量，护套外径的测量值应在表7和表10规定值的±0.05mm公差范围内。

8 可供选择的外套

8.1 一般规定

当有防腐、辨认或美观要求时，可挤制一层外套。外套应按照本部分

11.5和12.4分别进行火花试验和阻燃试验。外套的颜色可以是符合国家规定的任何颜色。材料应符合本部分8.2和8.3的相应要求。

注：经制造方和购买方协商一致，外套可采用替代的材料和厚度。

8.2　材料

外套材料应符合如下要求。

8.2.1　低温冲击

对带外套的电缆样品按照GB/T 2951.4—1997的8.5在（−15±2)℃温度下试验时，样品应不开裂。

8.2.2　热冲击

对带外套的电缆样品按照GB/T 2951.6—1997的9.2在（150±3)℃温度下试验时，样品应不开裂。

8.3　无卤低烟外套

无卤低烟外套应符合8.2规定的要求，且成品电缆应通过12.4，12.5和12.6规定的燃烧性能试验。

8.4　外套厚度

按照12.3测量，外套平均厚度应不小于表1规定的标称值。任意一处的厚度可以小于标称值，其差值应不超过规定标称值的15%+0.1mm。

表1　外套厚度

铜护套外径 D^{a}/mm	外套标称厚度/mm
$D \leqslant 7$	0.65
$7 < D \leqslant 15$	0.75
$15 < D \leqslant 20$	1.00
$20 < D$	1.15

[a] 同表7和表10规定。

9　标志

每根电缆应标明额定电压和制造方标志。标志应符合GB 5023.1规定，电缆无外套时，标记在标签上并系在每根电缆上。

10　试验的一般规定

除非另有规定，试验应在环境温度（20±15)℃下进行。

除非另有规定，试验电压应是频率为（49～61）Hz、近似正弦波形的交流电压，峰值与有效值之比为$\sqrt{2}$，偏差为±7%；或是交流电压有效值1.5倍的直流试验电压。

11 例行试验

11.1 一般规定

例行试验见表2，符号R，其定义见3.2。

表2 试验项目表

试验	条文号	试验类型[a]
导体电阻	5	R
绝缘：		
绝缘电阻	11.3	R
厚度	13.4	T
铜护套：		
护套电阻	13.3	T
厚度	13.5	T
护套完整性	11.4	R
外径和椭圆度	11.6	R
外套：		
材料特性	8.2	S
厚度	12.3	S
火花试验	11.5	R
酸性腐蚀性气体	12.5	S
电压试验(1min)	12.2	S
电压试验(15min)	13.2	T
弯曲试验	13.6	T
压扁试验	13.7	T
阻燃试验	12.4	S
烟密度试验	12.6	S
耐火试验	13.8	T

[a] R=例行试验；S=抽样试验；T=型式试验。

11.2 导体电阻

应按照GB/T 3956规定测量每根电缆所有导体的直流电阻，并校正为20℃时的数值。

11.3　绝缘电阻

每根成品电缆，在未挤包外套之前，应全部浸在（15±10)℃的水中至少1h。绝缘电阻测量应在电缆从水中取出8h内完成。在电缆端头剥除铜护套露出导体后，应在端部施加临时性密封。

绝缘电阻应在导体之间及全部导体和铜护套之间施加直流电压进行测量，直流电压应不小于80V并不超过11.4规定的试验电压的峰值电压。绝缘电阻的测量应在通电后1min进行，如果读数稳定且不降低也可以提前测量。

绝缘电阻（MΩ）与电缆长度（km）的积应不小于1000MΩ·km。当电缆长度小于100m时，测量的绝缘电阻应不低于10000MΩ。

11.4　绝缘和铜护套的完整性

每根成品电缆，在未包覆外套之前，应全部浸在（15±10)℃的水中至少1h。绝缘电阻测量应在电缆从水中取出8h内完成。在电缆端头剥除铜护套露出导体后，应在端部施加临时性密封。

应在导体之间以及全部导体和铜护套之间施加如下规定的电压，最小升压速度为150V/s，并且至少持续60s。

额定电压/V	试验电压(有效值)/kV
500	2.0
750	2.5

可结合11.3规定，使用相应交流电压有效值1.5倍的直流电压进行该试验。

11.5　外套的火花试验

外套的完整性应按照如下的火花试验规定进行检验。

电极由合适的金属珠帘组成，应与电缆的塑料外套表面保持紧密接触。

电缆通过电极的速度应使电缆上每一点与电极接触的时间不小于0.05s。

电极上的试验电压应如表3规定，频率为（49～61)Hz的交流电压，电缆的铜护套接地。

缺陷检测装置应设置为即使缺陷已经离开了电极仍有信号指示。

火花试验机最小灵敏度为当由火花隙串联一个电容器组成的人工缺陷

装置与电极和地接触时，指示器将动作。电极电压有效值为6kV，电容器的电容为350pF。

表3 试验电压

铜护套外径 D[a]/mm	试验电压(有效值)/kV
$D\leqslant7$	4
$7<D\leqslant15$	5
$15<D\leqslant20$	6
$20<D$	8

[a] 如表7和表10规定。

火花隙是由一个金属板以0.02s时间移动通过一针尖组成，且该时刻两者之间的距离为5.0mm。

带外套的电缆经火花试验机试验时应不显示有任何缺陷。

11.6 铜护套的外径和椭圆度

成品电缆的外径（不包括外套）检测应在成品电缆样品上进行，测量时应在成品电缆至少间隔1m的两个位置上进行，每个位置应在两个相互垂直的方向测量。试验使用带平测头的千分尺或一种等效的方法进行。

12.4 阻燃试验

对有外套的电缆按照GB/T 18380.1进行试验时，炭化或受损部分的上端与上夹头顶端的距离应大于50mm。

12.5 酸性和腐蚀性气体的释出

对从成品电缆剥离下来的无卤低烟外套按照GB/T 17650.2进行试验时，测得的pH值应不小于4.3，电导率不大于10μS/mm。

12.6 烟密度

对无卤低烟外套的成品电缆样品按照GB/T 17651.2进行试验时，产生的烟的透光率应符合表4的要求。样品的要求应符合表4规定。

表4 烟密度

电缆外径 D[a]/mm	样品数		透光率[b]/%
	电缆	缆束数[c]	
$20<D\leqslant40$	2	—	60
$10<D\leqslant20$	3	—	60

表4(续)

电缆外径 D^{a}/mm	样品数		透光率^{b}/%
	电缆	缆束数^{c}	
$5<D\leqslant10$	$N_1^{d,f}$	—	50
$2<D\leqslant5$	—	$N_2^{e,f}$	50

[a] D=电缆外径，如列表所示，为铜护套外径加两倍的外套标称厚度的和。

[b]这些为暂定值。

[c]每一束缆应由7根电缆并直放在一起，然后用直径约为0.5mm的金属线从中心部位开始每隔100mm绕两圈扎紧而成。

[d] $N_1=45/D$ 根电缆。

[e] $N_2=45/3D$ 束。

[f] N_1 和 N_2 值应舍去小数修正成接近的整数，得出电缆根数或缆束数。

13.2　成品电缆电压试验

应从成品电缆取（5±1)m长的试样，剥除端头露出导体，并在每个端部施加临时性密封。

对于500V电缆应施加交流试验电压2000V，750V电缆应施加交流试验电压2500V，最小升压速度为150V/s，并且每次持续15min，试验电压施加在：

a）每根导体依次与所有连接在一起的其余导体之间；

b）所有的导体和铜护套之间。

试验过程中电缆应不击穿。

13.8　耐火试验

成品电缆应按照GB/T 19216.21进行耐火试验，燃烧时间为180min。

15.4　尺寸

750V矿物绝缘电缆的铜护套尺寸和电阻应符合表10、表11和表12规定。

表10　750V电缆铜护套尺寸

导体标称截面/mm²	绝缘标称厚度/mm	铜护套外径/mm						
		1芯	2芯	3芯	4芯	7芯	12芯	19芯
1	1.30	4.6	7.3	7.7	8.4	9.9	13.0	15.2
1.5	1.30	4.9	7.9	8.3	9.1	10.8	14.1	16.6

表 10(续)

导体标称截面/mm²	绝缘标称厚度/mm	铜护套外径/mm						
		1芯	2芯	3芯	4芯	7芯	12芯	19芯
2.5	1.30	5.3	8.7	9.3	10.1	12.1	15.6	—
4	1.30	5.9	9.8	10.4	11.4	13.6	—	—
6	1.30	6.4	10.9	11.5	12.7	—	—	—
10	1.30	7.3	12.7	13.6	14.8	—	—	—
16	1.30	8.3	14.7	15.6	17.3	—	—	—
25	1.30	9.6	17.1	18.2	20.1	—	—	—
35	1.30	10.7	—	—	—	—	—	—
50	1.30	12.1	—	—	—	—	—	—
70	1.30	13.7	—	—	—	—	—	—
95	1.30	15.4	—	—	—	—	—	—
120	1.30	16.8	—	—	—	—	—	—
150	1.30	18.4	—	—	—	—	—	—
185	1.40	20.4	—	—	—	—	—	—
240	1.60	23.3	—	—	—	—	—	—
300	1.80	26.0	—	—	—	—	—	—
400	2.10	30.0	—	—	—	—	—	—

表 11　750V 电缆铜护套厚度

导体标称截面/mm²	铜护套平均厚度/mm						
	1芯	2芯	3芯	4芯	7芯	12芯	19芯
1	0.39	0.51	0.53	0.56	0.62	0.73	0.79
1.5	0.41	0.54	0.56	0.59	0.65	0.76	0.84
2.5	0.42	0.57	0.59	0.62	0.69	0.81	—
4	0.45	0.61	0.63	0.68	0.75	—	—
6	0.48	0.65	0.68	0.71	—	—	—
10	0.50	0.71	0.75	0.78	—	—	—
16	0.54	0.78	0.82	0.86	—	—	—
25	0.60	0.85	0.87	0.93	—	—	—
35	0.64	—	—	—	—	—	—
50	0.69	—	—	—	—	—	—
70	0.76	—	—	—	—	—	—

表 11(续)

导体标称截面/mm²	铜护套平均厚度/mm						
	1 芯	2 芯	3 芯	4 芯	7 芯	12 芯	19 芯
95	0.80	—	—	—	—	—	—
120	0.85	—	—	—	—	—	—
150	0.90	—	—	—	—	—	—
185	0.94	—	—	—	—	—	—
240	0.99	—	—	—	—	—	—
300	1.08	—	—	—	—	—	—
400	1.17	—	—	—	—	—	—

表 12　750V 电缆铜护套电阻

导体标称截面/mm²	20℃时铜护套最大电阻/(Ω/km)						
	1 芯	2 芯	3 芯	4 芯	7 芯	12 芯	19 芯
1	4.63	2.19	1.99	1.72	1.31	0.843	0.663
1.5	4.13	1.90	1.75	1.51	1.15	0.744	0.570
2.5	3.71	1.63	1.47	1.29	0.959	0.630	—
4	3.09	1.35	1.23	1.04	0.783	—	—
6	2.67	1.13	1.03	0.887	—	—	—
10	2.23	0.887	0.783	0.690	—	—	—
16	1.81	0.695	0.622	0.533	—	—	—
25	1.40	0.546	0.500	0.423	—	—	—
35	1.17	—	—	—	—	—	—
50	0.959	—	—	—	—	—	—
70	0.767	—	—	—	—	—	—
95	0.646	—	—	—	—	—	—
120	0.556	—	—	—	—	—	—
150	0.479	—	—	—	—	—	—
185	0.412	—	—	—	—	—	—
240	0.341	—	—	—	—	—	—
300	0.280	—	—	—	—	—	—
400	0.223	—	—	—	—	—	—

第5章 《额定电压0.6/1kV及以下金属护套无机矿物绝缘电缆及终端》JG/T 313—2014部分原文摘录

3.1

金属护套无机矿物绝缘电缆 metal sheath inorganic mineral insulated cables

在同一金属护套内，由无机矿物带作绝缘层的单根或多根绞合的软铜线芯组成的电缆。

4.2 代号

4.2.1 系列代号

金属护套无机矿物绝缘电缆　Y

金属护套无机矿物绝缘电缆终端　YA

4.2.2 导体材料代号

铜导体　T

4.2.3 护套材料代号

铜护套　T

注：本标准适用铜护套。

4.2.4 绝缘材料代号

无极矿物绝缘　W

4.2.5 护套外表面形式代号

光面　G

轧纹　ZW（可省略）

4.2.6 外护套材料代号

聚氯乙烯外套　V

聚烯烃外套　Y

4.2.7 外护套燃烧特性代号

无卤低烟　WD

4.2.8　终端使用特性代号

具有防火性　F

带保护导体　J

4.3.3　标记方法

4.3.3.1　铜护套电缆的型号组成应符合下列的排列要求：

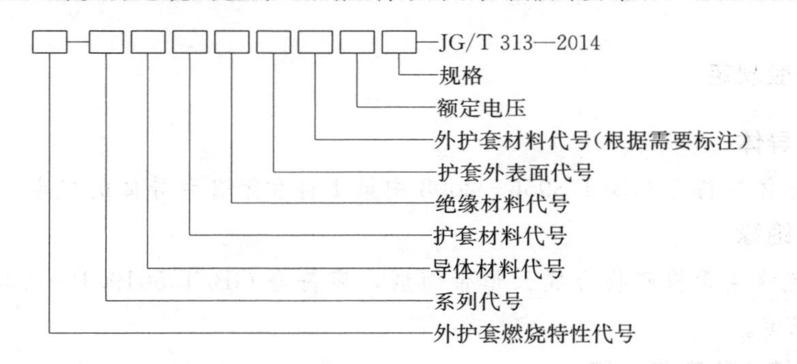

4.3.3.2　终端的型号组成应符合下列的排列要求：

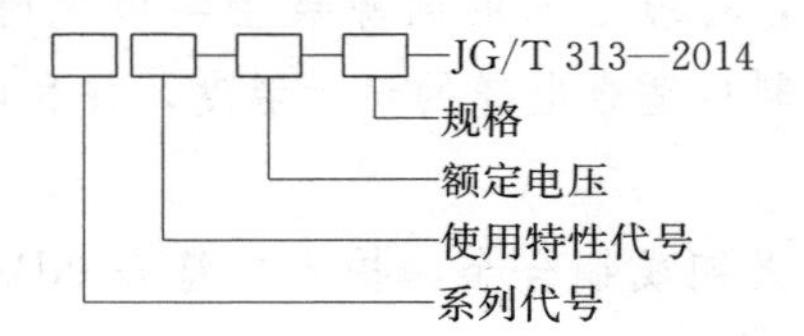

4.3.4　电缆标记

电缆标记示例见表3。

表3　电缆标记示例

名　称	示　例
铜芯光面铜护套无机矿物绝缘电缆，额定电压500V，规格(7×1.5)mm²	YTTWG-500 V-(7×1.5)-JG/T 313—2014
铜芯轧纹铜护套无机矿物绝缘聚氯乙烯外套电缆，额定电压0.6/1kW，规格(4×95)mm²	YTTWV-0.6/1kV-(4×95)-JG/T 313—2014
铜芯轧纹铜护套无机矿物绝缘无卤低烟聚烯烃外套电缆，额定电压0.6/1kV，规格(3×70+1×35)mm²	WD-YTTWY-0.6/1kV-(3×70+1×35)-JG/T 313—2014

4.3.5　终端标记

电缆终端示例见表4。

表4　终端标记示例

名　称	示　例
金属护套无机矿物绝缘电缆终端，额定电压0.6/1kV，适用于(4×16)mm² 电缆，带保护导体	YAJ-0.6/1kV-4×16-JG/T 313—2014
金属护套无机矿物绝缘电缆终端，额定电压0.6/1kV，适用于(4×150)mm² 电缆，具有防火性	YAF-0.6/1kV-4×150-JG/T 313—2014

5　一般规定

5.1　导体

导体应符合 GB/T 3956—2008 中第1种和第2种导体的规定。

5.2　绝缘

绝缘由无机矿物合成云母带组成，应符合 GB/T 5019.10—2009 中表4的规定。

5.3　填充物和带绝缘

为了使电缆圆整，在缆芯间的间隙被密实填充时，采用带绝缘绕包。填充物和带绝缘的材料应适合电缆的运行温度，并和电缆绝缘材料相容。

5.4　金属护套

材料应为普通退火铜或铜合金，护套应符合 GB/T 2059—2008 中 T2 或 TU2 牌号带材的规定。

5.5　外护套

通常不具有外护套，需要时可在金属护套外挤包一层外护套，外护套材料特性要求及试验方法应符合 GB/T 13033.1—2007 中 8.1 的规定。

5.6　电缆安装时的最小弯曲半径

电缆安装时的最小允许弯曲半径参见表 B.1。

5.7　终端

终端本体与接地连接片，应采用铜或铜合金材质制成，并符合 YS/T 649 的规定。电缆终端示意图见图 C.1。

6　要求

6.1　导体

6.1.1　第2种导体的最少单线根数量应符合 GB/T 3956 的要求。

6.1.2　第1种和第2种导体20℃时导体最大电阻应符合GB/T 3956的要求。

6.2　绝缘

6.2.1　芯绝缘厚度

每根导体上应绕包无机矿物合成云母带，其平均厚度不应小于表A.1～表A.6规定的绝缘标称厚度的90%。

6.2.2　带绝缘厚度

在缆芯和铜护套之间应绕包带绝缘，其平均厚度不应小于表A.1～表A.6规定的带绝缘标称厚度的90%。

6.2.3　绝缘电阻

电缆的绝缘电阻（MΩ）与电缆长度的乘积不应小于100Ω·km。当电缆长度小于100m时，测量的绝缘电阻不应低于1000MΩ。

6.3　金属护套

6.3.1　厚度

护套的平均厚度不应小于表A.1～表A.6规定的标称厚度。

6.3.2　外径

护套外径的平均值应符合表A.1～表A.6规定的电缆标称外径，外径的公差为电缆标称外径的±5%。

6.3.3　直流电阻

铜护套在20℃的直流电阻不应大于表5～表8中20℃铜护套计算电阻的110%。

表5　1芯～19芯轧纹护套电缆在20℃时铜护套的计算电阻

导体标称截面/mm^2	20℃铜护套计算电阻/(Ω/km)						
	1芯	2芯	3芯	4芯	7芯	12芯	19芯
1	4.03	2.50	2.38	2.23	1.87	1.44	1.26
1.5	3.77	2.31	2.22	2.00	1.71	1.27	1.13
2.5	3.28	2.02	1.82	1.64	1.54	1.15	—
4	3.12	1.72	1.59	1.47	—	—	—
6	2.73	1.51	1.43	1.30	—	—	—
10	2.07	1.17	1.14	1.01	—	—	—
16	1.82	1.02	0.966	0.709	—	—	—
25	1.54	0.705	0.666	0.606	—	—	—

表 5(续)

导体标称截面/mm²	20℃铜护套计算电阻/(Ω/km)						
	1 芯	2 芯	3 芯	4 芯	7 芯	12 芯	19 芯
35	1.40	0.630	0.592	0.539	—	—	—
50	0.986	0.691	0.589	0.536	—	—	—
70	0.888	0.620	0.434	0.390	—	—	—
95	0.751	0.557	0.386	0.335	—	—	—
120	0.687	0.537	0.345	0.305	—	—	—
150	0.622	0.386	0.315	—	—	—	—
185	0.574	0.350	—	—	—	—	—
240	0.426	0.312	—	—	—	—	—
300	0.382	—	—	—	—	—	—
400	0.340	—	—	—	—	—	—
500	0.294	—	—	—	—	—	—
630	0.264	—	—	—	—	—	—

表 6 (3+1)芯、(3+2)芯、(4+1)芯轧纹护套电缆在20℃时铜护套的计算电阻

导体标称截面/mm²	20℃铜护套计算电阻/(Ω/km)	导体标称截面/mm²	20℃铜护套计算电阻/(Ω/km)
3×25+1×16	0.628	3×35+2×16	0.423
3×35+1×16	0.567	3×50+2×25*	0.411
3×50+1×25*	0.552	3×70+2×35*	0.348
3×70+1×35*	0.390	4×16+1×10	0.644
3×95+1×50*	0.328	4×16+1×16	0.637
3×120+1×70*	0.284	4×25+1×16	0.548
3×150+1×70*	0.275	4×35+1×16	0.405
3×185+1×95*	0.253	4×50+1×25*	0.405
3×240+1×120*	0.224	4×70+1×35*	0.347

注:*表示主导体采用扇形,第四芯导体采用圆形紧压。

表7　1芯～19芯光面护套电缆在20℃时铜护套的计算电阻

导体标称截面/mm²	20℃铜护套计算电阻/(Ω/km)						
	1芯	2芯	3芯	4芯	7芯	12芯	19芯
1	4.53	2.20	2.08	1.90	1.60	1.00	0.726
1.5	4.19	2.00	1.89	1.73	1.45	0.886	0.653
2.5	3.75	1.75	1.36	1.24	1.03	0.780	—
4	2.61	1.26	1.18	1.08	—	—	—
6	2.33	1.11	1.04	0.945	—	—	—
10	1.79	0.713	0.669	0.620	—	—	—
16	1.28	0.610	0.571	0.455	—	—	—
25	1.09	0.446	0.443	0.333	—	—	—
35	0.971	0.386	0.319	0.258	—	—	—
50	0.706	0.379	0.320	0.233	—	—	—
70	0.615	0.300	0.251	0.186	—	—	—
95	0.470	0.269	0.203	0.164	—	—	—
120	0.426	0.260	0.169	0.149	—	—	—
150	0.382	0.201	0.155	—	—	—	—
185	0.310	0.170	—	—	—	—	—
240	0.276	0.153	—	—	—	—	—
240	0.274	—	—	—	—	—	—
300	0.221	—	—	—	—	—	—
400	0.201	—	—	—	—	—	—
500	0.161	—	—	—	—	—	—
630	0.131	—	—	—	—	—	—

注：* 表示主线芯导体采用扇形，其余导体采用圆形紧压。

表8　(3+1)芯、(3+2)芯、(4+1)芯光面护套电缆在20℃时铜护套的计算电阻

导体标称截面/mm²	20℃铜护套计算电阻/(Ω/km)	导体标称截面/mm²	20℃铜护套计算电阻/(Ω/km)
3×25+1×16	0.340	3×35+2×16	0.319
3×35+1×16	0.306	3×50+2×25*	0.308
3×50+1×25*	0.266	3×70+2×35*	0.236
3×70+1×35*	0.221	4×16+1×10	0.467

表 8(续)

导体标称截面 /mm²	20℃铜护套计算电阻/(Ω/km)	导体标称截面 /mm²	20℃铜护套计算电阻/(Ω/km)
3×95+1×50*	0.161	4×16+1×16	0.461
3×120+1×70*	0.141	4×25+1×16	0.341
3×150+1×70*	0.137	4×35+1×16	0.303
3×185+1×95*	0.127	4×50+1×25*	0.303
3×240+1×120*	0.112	4×70+1×35*	0.235
注：* 表示主导体采用扇形，第四芯导体采用圆形紧压。			

6.4 成品电缆

6.4.1 电压试验

500V 电缆施加交流电压 2000V，0.6/1kV 电缆施加交流电压 3500V，施加交流电压持续时间 15min 不应击穿，整盘（圈）施加交流电压持续时间 5min 不应击穿。

6.4.2 弯曲性能

电缆按 7.5.2 规定的弯曲试验后，金属护套应无裂纹。500V 电缆施加交流电压 750V，0.6/1kV 电缆施加交流电压 1500V，持续时间 15min 不应被击穿。

6.4.3 压扁性能

电缆按 7.5.3 规定的压扁试验后，金属护套应无裂纹。500V 电缆施加交流电压 750V，0.6/1kV 电缆施加交流电压 1500V，试验持续时间 15min 不应被击穿。

6.4.4 耐火性能

电缆应符合 GB/T 19216.21—2003 第 6 章规定的耐火试验步骤要求，试验时选用火焰温度为 950℃～1000℃，燃烧时间为 180min，同时应符合 BS 6387：1994 第 11 章耐火性能规定的单纯耐火、耐火加水、耐火加机械振动在同一根试样上按 C、W、Z 的顺序进行试验后，线路应保持完整。

6.4.5 铜护套完整性

每根成品电缆在两端密封情况下，电缆应充入 50kPa～100kPa 的干燥空气或氮气，在气压均衡后3h，电缆任一端气压应不下降。

6.5　终端

6.5.1　电压试验

电缆安装终端后，500V电缆施加交流电压2000V，0.6/1kV电缆施加交流电压3500V，施加交流电压持续时间5min不应击穿。

6.5.2　绝缘电阻

电缆安装终端后，每根导体之间和每根导体与终端之间，绝缘电阻不应小于100MΩ。

6.5.3　接地连续性

终端的裸露导电部分与接地连接片应有可靠的电气连接，之间的电阻值不应大于0.1Ω。

7　电缆试验方法

7.1　一般规定

7.1.1　环境温度

试验环境温度应为（20±15)℃。

7.1.2　试验电压

试验电压应为频率在49Hz～61Hz的近似正弦波的交流电压，引用值为有效值。

7.2　导体

7.2.1　导体结构根数

用目测检测导体的结构和线芯根数，应符合6.1.1的要求。

7.2.2　直流电阻

按GB/T 3048.4—2007第5章规定的方法测量每根电缆所有导体的电阻，应符合6.1.2的要求。

7.3　绝缘

7.3.1　芯绝缘厚度测量

带绝缘厚度测量结束后，小心取出绝缘线芯，用纸带测量绝缘线芯的外径和导体外径，然后计算芯绝缘平均厚度，三芯及以下每芯都测，超过三芯只要测任意三芯。以mm为单位，精确到小数点后一位，应符合

6.2.1 的要求。

7.3.2　带绝缘厚度测量

截取长约 500mm 的成品电缆，小心去除外护套（如果有的话）和铜护套和绕包纤维层（如果有的话），注意不要松散带绝缘层，用纸带测量带绝缘外径，去除带绝缘，再测量缆芯外径，然后计算带绝缘平均厚度。以 mm 为单位，精确到小数点后一位，应符合 6.2.2 的要求。

7.3.3　绝缘电阻测量

按 GB/T 3048.5—2007 第 6 章规定的方法进行检测。注意当电缆端头剥除铜护套露出导体后，应采用热收缩塑料封头帽密封，测量值应符合 6.2.3 的要求。

7.4　金属护套

7.4.1　厚度测量

从电缆一端垂直电缆轴线截取试样，试样长度不应大于 100mm。在展开的金属铜护套上，用一端为平面，另一端为球形的厚度测量仪进行测量。沿金属铜护套一周共测 3 点，3 点间隔尽可能相等，取平均值作为护套的厚度，以 mm 为单位，测量到小数点后 3 位，并修约到小数点后 2 位作为护套平均厚度测量值，应符合 6.3.1 的要求。

7.4.2　外径测量

护套外径（不包括外护套）检测应在电缆批量产品的抽样品上进行。测量时应在电缆至少间隔 1m 左右的 3 个凸部垂直电缆轴线位置上进行，每个位置应在两个相互垂直的方向测量。平均外径测量结果取 6 个测量值的平均值。检测量具应使用带平测头的千分尺或等效的方法进行，测量值应符合 6.3.2 的要求。

轧纹金属护套无机矿物绝缘电缆的轧纹节距和深度不作考核。

7.4.3　直流电阻测量

按 GB/T 3048.4—2007 第 5 章规定的方法测量电缆的护套直流电阻，并校正为 20℃时的电阻数值，应符合 6.3.3 的要求。

7.5　成品电缆

7.5.1　电压试验

按 GB/T 3048.8—2007 第 6 章的规定进行试验，试验结果应符合

6.4.1 的要求。

7.5.2　弯曲试验

7.5.2.1　试验长度 1m，试验在专用弯曲试验机上进行。试验弯曲轮直径应符合表 9 规定，将试样电缆绕着相应的弯曲轮弯曲 180°，为第一次弯曲，然后向反方向弯曲 180°为第二次。对于电缆外径 14mm 及以下的反复弯曲二次；对于电缆外径 14mm 以上的反复弯曲一次。试样经弯曲试验后目测检查，试样的金属护套应无裂纹。

表 9　试验弯曲轮直径

导体标称截面/mm^2	弯曲轮直径/mm						
	1 芯	2 芯	3 芯	4 芯	7 芯	12 芯	19 芯
1	60	80	80	80	100	130	160
1.5	60	80	100	100	100	160	200
2.5	60	100	100	100	100	160	—
4	60	100	130	130	—	—	—
6	80	130	130	160	—	—	—
10	80	160	160	160	—	—	—
16	100	160	200	200	—	—	—
25	120	200	200	250	—	—	—
35	130	250	300	300	—	—	—
50	160	300	300	300	—	—	—
70	160	400	400	400	—	—	—
95	200	400	400	500	—	—	—
120	200	400	500	500	—	—	—
150	200	400	500	—	—	—	—
185	300	500	500	—	—	—	—
240	300	500	—	—	—	—	—
300	400	—	—	—	—	—	—
400	400	—	—	—	—	—	—
500	500	—	—	—	—	—	—
630	500	—	—	—	—	—	—

7.5.2.2　将经弯曲试验后的试验端部密封后，弯曲部分浸入水中 1h 后取出，在导体之间及全部导体和铜护套之间分别施加试验电压。试验结果应

符合 6.4.2 的要求。

7.5.3 压扁试验

7.5.3.1 剥去外护套的电缆试样长度 1m 放在铁砧间压扁，每个铁砧应有一个不小于 75mm×25mm 的平面，铁砧的边缘应是一个不小于 10mm 的圆角。试样的轴线应与铁砧平面较长的一边平行。压扁后试样的厚度应等于试样铜护套标称外径与压扁系数的乘积，压扁系数应符合表 10 的规定。试样经压扁试验后目测检查，金属护套应无裂纹。

表 10 压扁系数

铜护套标称外径 D/mm	压扁系数
$D \leqslant 20.00$	0.92
$D > 20.00$	0.90

7.5.3.2 将经压扁试验后的试样端部密封，压扁部分浸入水中 1h 后，在导体之间及全部导体和铜护套之间分别施加试验电压。试验结果应符合 6.4.3 的要求。

7.5.4 耐火试验

成品电缆按 GB/T 19216.21—2003 第 6 章进行耐火试验，试验条件和结果应符合 6.4.4 的要求。

成品电缆按 BS 6387：1994 第 11 章耐火性能规定在一根试样上进行 C、W、Z 三项试验，试验结果应符合 6.4.4 的要求。

7.5.5 铜护套完整性检查

每根成品电缆两端施加带压力表的热收缩帽或类似的密封套，在任一端充入干燥空气或氮气，保持 3h，观察两端压力表的状况，应符合 6.4.5 的要求。

7.6 终端

7.6.1 电击试验

按 GB/T 3048.8—2007 第 6 章进行电压试验，试验结果应符合 6.5.1 的要求。

7.6.2 绝缘电阻测量

用 1000V 兆欧表，在电缆每根导体之间和每根导体与终端之间检测绝缘电阻，应符合6.5.2的要求。

7.6.3　接地连续性试验

从成品电缆取试样（300±50)mm，两端与终端连接后放入炉中加热，试样加热至制造厂规定的最高温度高5℃～10℃时取出，冷却到室温后测量金属护套与终端接触长度上的电流和电压降，然后换算成电阻，应符合6.5.3的要求。

8　检验规则

8.1　检验分类

检验分例行检验、抽样检验和型式检验。检验项目应符合表11的规定，如有外护套，根据其材料特性，依据GB/T 13033.1—2007第8章的规定进行检测。

表11　检验项目

<table>
<tr><th rowspan="2">序号</th><th rowspan="2" colspan="2">检验项目</th><th colspan="3">检验类型</th><th rowspan="2">技术要求</th><th rowspan="2">试验方法</th></tr>
<tr><th>例行检验</th><th>抽样检验</th><th>型式检验</th></tr>
<tr><td rowspan="3">1</td><td rowspan="18">电缆</td><td>导体：</td><td></td><td></td><td></td><td></td><td></td></tr>
<tr><td>结构根数</td><td></td><td></td><td>√</td><td>6.1</td><td>7.2.1</td></tr>
<tr><td>电阻测量</td><td>√</td><td>√</td><td>√</td><td>6.1</td><td>7.2.2</td></tr>
<tr><td rowspan="4">2</td><td>绝缘：</td><td></td><td></td><td></td><td></td><td></td></tr>
<tr><td>芯绝缘厚度测量</td><td></td><td>√</td><td>√</td><td>6.2.1</td><td>7.3.1</td></tr>
<tr><td>带绝缘厚度测量</td><td></td><td>√</td><td>√</td><td>6.2.2</td><td>7.3.2</td></tr>
<tr><td>绝缘电阻测量</td><td>√</td><td>√</td><td>√</td><td>6.2.3</td><td>7.3.3</td></tr>
<tr><td rowspan="4">3</td><td>金属护套：</td><td></td><td></td><td></td><td></td><td></td></tr>
<tr><td>厚度测量</td><td></td><td>√</td><td>√</td><td>6.3.1</td><td>7.4.1</td></tr>
<tr><td>外径测量</td><td>√</td><td>√</td><td></td><td>6.3.2</td><td>7.4.2</td></tr>
<tr><td>直流电阻测量</td><td></td><td></td><td>√</td><td>6.3.3</td><td>7.4.3</td></tr>
<tr><td rowspan="6">4</td><td>成品电缆：</td><td></td><td></td><td></td><td></td><td></td></tr>
<tr><td>电压试验</td><td>√</td><td></td><td></td><td>6.4.1</td><td>7.5.1</td></tr>
<tr><td>弯曲试验</td><td></td><td></td><td>√</td><td>6.4.2</td><td>7.5.2</td></tr>
<tr><td>压扁试验</td><td></td><td></td><td>√</td><td>6.4.3</td><td>7.5.3</td></tr>
<tr><td>耐火试验</td><td></td><td>√</td><td>√</td><td>6.4.4</td><td>7.5.4</td></tr>
<tr><td>铜护套完整性</td><td></td><td></td><td>√</td><td>6.4.5</td><td>7.5.5</td></tr>
<tr><td rowspan="3">5</td><td rowspan="3">终端</td><td>电压试验</td><td></td><td></td><td>√</td><td>6.5.1</td><td>7.6.1</td></tr>
<tr><td>绝缘电阻</td><td></td><td></td><td>√</td><td>6.5.2</td><td>7.6.2</td></tr>
<tr><td>接地联系性试验</td><td></td><td></td><td>√</td><td>6.5.3</td><td>7.6.3</td></tr>
</table>

附录 A
(规范性附录)
电缆综合数据

各种电缆综合数据见表 A.1～表 A.6。

表 A.1　1 芯～19 芯轧纹护套电缆综合数据

导体标称截面/mm²	芯绝缘标称厚度/mm		带绝缘标称厚度/mm	钢护套标称厚度/mm					电缆标称外径/mm						
				1芯	2芯	3芯	4芯	7、12、19芯	1芯	2芯	3芯	4芯	7芯	12芯	19芯
1	0.8	(0.4)		0.4	0.4	0.4	0.4	0.4	4.13	6.46	6.76	7.26	8.59	11.22	13.25
1.5	0.8	(0.4)		0.4	0.4	0.4	0.4	0.4	4.38	6.96	7.30	8.06	9.34	12.86	14.90
2.5	0.8	(0.4)		0.4	0.4	0.4	0.4	0.4	4.98	7.96	8.80	9.90	10.54	14.71	—
4	0.8	(0.4)		0.4	0.4	0.4	0.4	—	5.26	9.30	10.20	11.00	—	—	—
6	0.8	(0.4)	0.4	0.4	0.4	0.4	0.4	—	5.96	10.70	11.30	12.60	—	—	—
10	10	(0.5)		0.4	0.4	0.4	0.4	—	7.80	14.20	14.80	16.90	—	—	—
16	1.0	(0.5)		0.4	0.4	0.4	0.5	—	8.80	16.80	17.70	19.20	—	—	—
25	1.0	(0.5)		0.4	0.5	0.5	0.5	—	10.50	19.30	20.40	22.20	—	—	—
35	1.1	(0.55)		0.4	0.5	0.5	0.5	—	11.50	21.55	22.70	24.90	—	—	—
50	1.2	(0.6)		0.5	0.5	0.5	0.5	—	13.60	19.70*	22.80*	25.00*	—	—	—
70	1.2	(0.6)		0.5	0.5	0.6	0.6	—	15.30	21.90*	25.60*	28.20*	—	—	—
95	1.2	(0.6)	0.5	0.5	0.5	0.6	0.6	—	18.30	24.10*	28.50*	32.20*	—	—	—
120	1.2	(0.6)		0.5	0.5	0.6	0.6	—	19.80	25.00*	31.30*	35.00*	—	—	—
150	1.4	(0.7)		0.5	0.6	0.6	—	—	21.80	28.50*	33.90*	—	—	—	—
185	1.4	(0.7)		0.5	0.6	—	—	—	23.40	30.80*	—	—	—	—	—
240	1.4	(0.7)		0.6	0.6	—	—	—	26.10	34.20*	—	—	—	—	—
300	1.6	(0.8)	0.6	0.6	—	—	—	—	28.80	—	—	—	—	—	—
400	1.6	(0.8)		0.6	—	—	—	—	31.70	—	—	—	—	—	—
500	1.8	(0.9)		0.6	—	—	—	—	36.20	—	—	—	—	—	—
630	2.0	(1.0)		0.6	—	—	—	—	40.00	—	—	—	—	—	—

注 1:* 表示导电线芯采用半圆形或扇形。
注 2:括号内的数字为 2 芯～19 芯电缆的芯绝缘标称厚度。

表A.2 (3+1)芯轧纹护套电缆综合数据

导体标称截面/mm^2	芯绝缘标称厚度/mm	带绝缘标称厚度/mm	铜护套标称厚度/mm	电缆标称外径/mm
3×25+1×16	0.50	0.50	0.5	21.60
3×25+1×16	0.55	0.55	0.5	23.70
3×50+1×25*	0.60	0.60	0.5	24.30
3×70+1×35*	0.60	0.60	0.6	28.20
3×95+1×50*	0.60	0.60	0.6	32.80
3×120+1×70*	0.60	0.60	0.6	37.20
3×150+1×70*	0.70	0.70	0.6	38.40
3×185+1×95*	0.70	0.70	0.6	41.30
3×240+1×120*	0.70	0.70	0.6	46.20
注：*表示导电线芯采用半圆形或扇形。				

表A.3 (3+2)和(4+1)的五芯轧纹护套电缆综合数据

导体标称截面/mm^2	芯绝缘标称厚度/mm	带绝缘标称厚度/mm	铜护套标称厚度/mm	电缆标称外径/mm
3×25+2×16	0.50	0.50	0.5	23.80
3×25+2×16	0.55	0.55	0.6	26.30
3×50+2×25*	0.60	0.60	0.6	27.00
3×70+2×35*	0.60	0.60	0.6	31.00
4×16+1×16	0.50	0.50	0.5	21.32
4×25+1×16	0.50	0.50	0.5	24.50
4×35+1×16	0.55	0.55	0.6	27.40
4×50+1×25*	0.60	0.60	0.6	27.40
4×70+1×35*	0.60	0.60	0.6	31.10
注：*表示导电线芯采用半圆形或扇形。				

表 A.4　1 芯～19 芯光面护套电缆综合数据

导体标称截面/mm²	芯绝缘标称厚度/mm		带绝缘标称厚度/mm	铜护套标称厚度/mm							电缆标称外径/mm						
				1 芯	2 芯	3 芯	4 芯	7 芯	12 芯	19 芯	1 芯	2 芯	3 芯	4 芯	7 芯	12 芯	19 芯
1	0.8	(0.4)	0.4	0.4	0.5	0.5	0.5	0.5	0.6	0.7	3.53	5.66	5.96	6.46	7.59	10.02	11.85
1.5	0.8	(0.4)		0.4	0.5	0.5	0.5	0.5	0.6	0.7	3.78	6.16	6.50	7.06	8.34	11.26	13.10
2.5	0.8	(0.4)		0.4	0.5	0.6	0.6	0.6	0.6	—	4.18	6.96	7.56	8.23	9.74	12.71	—
4	0.8	(0.4)		0.5	0.6	0.6	0.6	—	—	—	4.85	8.10	8.57	9. 36	—	—	—
6	0.8	(0.4)		0.5	0.6	0.6	0.6	—	—	—	5.36	9.12	9.67	10.59	—	—	—
10	1.0	(0.5)		0.5	0.7	0.7	0.7	—	—	—	6.82	12.04	12.80	14.04	—	—	—
16	1.0	(0.5)		0.6	0.7	0.7	0.8	—	—	—	7.99	13.98	14.88	16.37	—	—	—
25	1.0	(0.5)		0.6	0.8	0.8	0.9	—	—	—	9.24	16.68	16.79	19.80	—	—	—
35	1.1	(0.55)		0.6	0.8	0.9	1.0	—	—	—	10.33	19.15	20.65	22.96	—	—	—
50	1.2	(0.6)	0.5	0.7	0.9	0.9	1.1	—	—	—	12.16	17.50*	20.60*	23.20*	—	—	—
70	1.2	(0.6)		0.7	1.0	1.0	1.2	—	—	—	13.87	19.90*	23.60*	26.60*	—	—	—
95	1.2	(0.6)		0.8	1.0	1.1	1.2	—	—	—	15.88	22.1*	26.50*	30.00*	—	—	—
120	1.2	(0.6)		0.8	1.0	1.2	1.2	—	—	—	17.43	22.80*	29.10*	32.8*	—	—	—
150	1.4	(0.7)	0.6	0.8	1.1	1.2	—	—	—	—	19.36	26.70*	31.70*	—	—	—	—
185	1.4	(0.7)		0.9	1.2	—	—	—	—	—	21.22	29.00*	—	—	—	—	—
240	1.4	(0.7)		0.9	1.2	—	—	—	—	—	23.69	32.00*	—	—	—	—	—
240	1.4	(0.7)		0.9	—	—	—	—	—	—	23.84	—	—	—	—	—	—
300	1.6	(0.8)		1.0	—	—	—	—	—	—	26.58	—	—	—	—	—	—
400	1.6	(0.8)		1.0	—	—	—	—	—	—	29.14	—	—	—	—	—	—
500	1.8	(0.9)		1.1	—	—	—	—	—	—	33.16	—	—	—	—	—	—
630	2.0	(1.0)		1.2	—	—	—	—	—	—	37.18	—	—	—	—	—	—

注 1：* 表示导电线芯采用半圆形或扇形。
注 2：括号内的数字为 2 芯～19 芯电缆的芯绝缘标称厚度。

表 A.5　(3+1) 芯光面护套电缆综合数据

导体标称截面/mm²	芯绝缘标称厚度/mm	带绝缘标称厚度/mm	铜护套标称厚度/mm	电缆标称外径/mm
3×25+1×16	0.50	0.50	0.9	19.40
3×35+1×16	0.55	0.55	0.9	21.50

表 A.5(续)

导体标称截面/mm²	芯绝缘标称厚度/mm	带绝缘标称厚度/mm	铜护套标称厚度/mm	电缆标称外径/mm
3×50+1×25*	0.60	0.60	1.0	22.30
3×70+1×35*	0.60	0.60	1.0	26.60
3×95+1×50*	0.60	0.60	1.2	30.6
3×120+1×70*	0.60	0.60	1.2	34.80
3×150+1×70*	0.70	0.70	1.2	35.60
3×185+1×95*	0.70	0.70	1.2	38.50
3×240+1×120*	0.70	0.70	1.2	43.40
注：* 表示导电线芯采用半圆形或扇形。				

表 A.6　(3+2) 芯、(4+1) 芯光面护套电缆综合数据

导体标称截面/mm²	芯绝缘标称厚度/mm	带绝缘标称厚度/mm	铜护套标称厚度/mm	电缆标称外径/mm
3×25+2×16	0.50	0.50	0.9	21.60
3×35+2×16	0.55	0.55	0.9	23.80
3×50+2×25*	0.60	0.60	0.9	24.60
3×70+2×35*	0.60	0.60	1.0	28.40
4×16+1×16	0.50	0.50	0.8	18.92
4×25+1×16	0.50	0.50	0.9	22.30
4×35+1×16	0.55	0.55	0.9	25.00
4×50+1×25*	0.60	0.60	0.9	25.00
4×70+1×35*	0.60	0.60	1.0	28.50
注：* 表示导电线芯采用半圆形或扇形。				

附　录　B

(资料性附录)

电缆安装时的最小弯曲半径

电缆安装时的最小弯曲半径见表 B.1。

表 B.1　电缆安装时的最小弯曲半径

电缆外径/mm	$D \leqslant 12$	$12 < D \leqslant 20$	$20 < D \leqslant 40$	$D > 40$
电缆最小弯曲半径	$6D$	$10D$	$15D$	$20D$
注：D 为电缆外径。				

第6章 《电缆外护层 第1部分:总则》GB/T 2952.1—2008部分原文摘录

3.1

电缆外护层 protective coverings

包覆在电缆的金属套、非金属套或组合套外面，保护电缆免受机械损伤和腐蚀或兼具其他特种作用的保护覆盖层。

4 种类和型号编制

4.1 电缆外护层种类

电缆外护层分为下列种类：

a）金属套电缆通用外护层；

b）非金属套电缆通用外护层；

c）组合套电缆通用外护层；

d）特种外护层。

4.2 电缆外护层的型号编制

4.2.1 金属套电缆通用外护层、非金属套电缆通用外护层和组合套电缆通用外护层的型号，应按铠装层和外被层的结构顺序用阿拉伯数字表示。每一数字表示所采用的主要材料，在一般情况下，型号由两位数字组成。

4.2.2 电缆特种外护层中充油电缆外护层的型号应按加强层、铠装层和外被层的结构顺序，用阿拉伯数字表示。每一数字表示所采用的主要材料。在一般情况下，型号由三位数字组成。

4.2.3 当铠装层数增加或由不同材料联合组成时，表示电缆外护层型号的数字位数应相应增加。

4.2.4 表示加强层、铠装层和外被层所用主要材料的数字及其含义应符合表1规定。

表1　加强层、铠装层和外被层所用主要材料的数字及其含义

标记	加强层	铠装层	外被层或外护套
0		无	
1	径向铜带	联锁钢带	纤维外被
2	径向不锈钢带	双钢带	聚氯乙烯
3	径、纵向铜带	细圆钢丝	聚乙烯或聚烯烃
4	径、纵向不锈钢带	粗圆钢丝	弹性体
5	非金属纤维材料	皱纹钢带	交联聚烯烃
6		（双）非磁性金属带	
7		非磁性金属丝	
8		铜（或铜合金）丝编织	
9		钢丝编织	

6　材料要求

6.1　除非相应标准另有规定，各种电缆外护层所用材料应符合6.2～6.10的相应规定。

6.2　电缆沥青应符合SH/T 0001—1990的规定，也可采用其他同等效能的防腐涂料代替。皱纹钢带铠装用的防腐混合物由有关产品标准另作规定。

6.3　塑料带一般应采用聚氯乙烯带，也可采用其他同等效能的带材代替。带的标称厚度应不小于0.2mm和不大于0.4mm。塑料带应与电缆的工作温度相适应。

6.4　铠装钢带采用镀锌钢带，应符合YB/T 024—2008的规定。一般用锌层质量（重量）不应低于$80g/m^2$，联锁铠装用锌层质量（重量）应不低于$275g/m^2$。

6.5　铠装钢丝应符合GB/T 3082—1984的规定，一般采用Ⅰ组镀层。当用户要求时，也可采用Ⅱ组镀层。

6.6　聚氯乙烯外护套、聚乙烯外护套、弹性体外护套用材料应符合GB/T 12706.1—2008中ST_1、ST_2、ST_3、ST_7、SE_1的要求，且应与电缆的工作环境和电缆的工作温度相适应。

6.7 纸应采用电缆纸。皱纹电缆纸应参考附录A的规定。

6.8 无纺布和无纺麻布参考附录B和附录C的规定。

6.9 麻应符合GB/T 2696—1987的规定。一般电缆可用麻纱，但海底电缆的外被层应用麻线。

6.10 充油电缆用加强带应符合GB/T 2059—2000黄铜带的规定。也可采用性能不低于该标准规定的其他非磁性金属带。

7 性能要求

7.1 涂层

7.1.1 纤维外被层的电缆沥青或其他类似涂料，在温度(70±2)℃时应不自然滴落。

7.1.2 纤维外被层的电缆沥青或其他类似涂料，在温度(0±2)℃时弯曲应不碎落。

7.2 外护套

7.2.1 在金属套上的非绝缘型塑料套或铠装上的非绝缘型塑料套，应经受如表2规定的直流或工频火花试验而不击穿。电缆通过电极的时间应足以检出缺陷。

表2 金属套或铠装上的非绝缘型塑料套直流或工频火花试验电压

火花试验类型	试验电压/kV	最高试验电压/kV
直流	$9t$	25
50Hz	$6t$	15
t 为防蚀护套的标称厚度，mm。		

7.2.2 绝缘型塑料外套如充油电缆塑料外套，应按塑料外套标称厚度每毫米施加直流电压8kV，历时1min而不击穿，最高试验电压为25kV。

7.2.3 铝套上的塑料外套，应经受局部破坏腐蚀扩展试验。试验后铝套上从局部破坏的塑料套边缘向外腐蚀扩展的范围应不超过10mm。

7.2.4　直径在30mm及以上的塑料外套应进行刮磨试验，试验后的内、外表面应无肉眼可见的裂纹或开裂。绝缘型塑料外套，如充油电缆塑料外套在刮磨试验后应按如下依次进行耐电压试验而不击穿：

a）试验在室温下浸入0.5%氯化钠和大约0.1%重量的适当的非离子型表面活性剂水溶液中24h后，在塑料外套之间，以内部金属层为负极，在金属层与盐溶液间施加直流电压20kV、历时1min。

b）在塑料外套之间，即在金属层与盐溶液间施加符合表3规定的冲击试验电压正、负极性各10次。

表3　绝缘塑料外套冲击试验电压

主绝缘耐受标称雷电冲击电压峰值/kV	冲击电压峰值/kV	主绝缘耐受标称雷电冲击电压峰值/kV	冲击电压峰值/kV
≤325	30.0	1175<U<1550	62.5
325<U<750	37.5	U≥1550	72.5
750<U<1175	47.5		

7.2.5　塑料套的非电气性能要求应符合GB/T 12706.1—2008中表16、表17、表18、表20要求。

7.2.6　非金属防蚀层的粗钢丝接头应有有效的防蚀保护，其浸水绝缘电阻应不小于1MΩ。

7.2.7　电缆外护层用麻、纸和含有天然纤维材料的各种带材，必须用环烷酸铜作防腐处理。在麻、纸或天然纤维中的环烷酸铜的含量应不低于3.8%，允许用其他同等效能的方法进行防腐处理。

第7章　《电缆外护层　第2部分：金属套电缆外护层》GB/T 2952.2—2008部分原文摘录

3.1　金属套电缆通用外护层型号、名称

金属套电缆通用外护层的型号、名称应符合GB/T 2952.1—2008和表1的规定，推荐用于表1所列主要敷设场所。

表 1　金属套电缆通用外护层的型号、名称和主要敷设场所

型号	名称	被保护的金属套	主要适用敷设场所												
			敷设方式									特殊环境			
			架空	室内	隧道	电缆沟	管道	埋地：一般土壤	埋地：多砾石	竖井	水下	易燃	强电干扰	严重腐蚀	拉力
02	聚氯乙烯外套	铅套	△	△	△	△	△					△		△	
		铝套	△	△	△	△	△	△		△		△		△	
		皱纹钢套或铝套			△	△	△	△				△		△	
03	聚乙烯(或聚烯烃)外套	铅套	△	△		△	△							△	
		铝套	△	△		△	△	△		△				△	
		皱纹钢套或铝套	△	△		△	△	△						△	
04	弹性体外套	铅套	△	△		△	△							△	
		铝套	△	△		△	△	△		△				△	
		皱纹钢套或铝套	△	△		△	△	△						△	
22	钢带铠装聚氯乙烯外套	铅套		△	△	△		△	△			△		△	
		铝套或皱纹铝套		△	△	△			△			△	△	△	
23	铠装钢带聚乙烯(或聚烯烃)外套	铅套		△		△		△	△					△	
		铝套或皱纹铝套		△		△			△				△	△	
32	细圆钢丝铠装聚氯乙烯外套	各种金属套						△	△	△	△	△		△	△
33	细圆钢丝铠装聚乙烯(或聚烯烃)外套	各种金属套						△	△	△	△			△	△
34	细圆钢丝铠装弹性体外套	各种金属套						△	△	△	△			△	△
41	粗圆钢丝铠装纤维外被	铅套									△			○	△
61	(双)非磁性金属带铠装纤维外被	铅套									△			○	△
62	(双)非磁性金属带铠装聚氯乙烯外套	铅套		△	△	△		△	△			△		△	
		铝套或皱纹铝套													

表 1(续)

<table>
<tr><th rowspan="4">型号</th><th rowspan="4">名称</th><th rowspan="4">被保护的金属套</th><th colspan="13">主要使用敷设场所</th></tr>
<tr><th colspan="9">敷设方式</th><th colspan="4">特殊环境</th></tr>
<tr><th rowspan="2">架空</th><th rowspan="2">室内</th><th rowspan="2">隧道</th><th rowspan="2">电缆沟</th><th rowspan="2">管道</th><th colspan="2">埋地</th><th rowspan="2">竖井</th><th rowspan="2">水下</th><th rowspan="2">易燃</th><th rowspan="2">强电干扰</th><th rowspan="2">严重腐蚀</th><th rowspan="2">拉力</th></tr>
<tr><th>一般土壤</th><th>多砾石</th></tr>
<tr><td rowspan="2">63</td><td rowspan="2">(双)非磁性金属带铠装聚乙烯(或聚烯烃)外套</td><td>铅套</td><td rowspan="2"></td><td rowspan="2">△</td><td rowspan="2">△</td><td rowspan="2">△</td><td rowspan="2"></td><td rowspan="2">△</td><td rowspan="2">△</td><td rowspan="2"></td><td rowspan="2"></td><td rowspan="2">△</td><td rowspan="2"></td><td rowspan="2">△</td><td rowspan="2"></td></tr>
<tr><td>铅套或皱纹铅套</td></tr>
<tr><td>71</td><td>非磁性金属丝铠装纤维外被</td><td>铅套</td><td></td><td></td><td></td><td></td><td></td><td></td><td></td><td></td><td>△</td><td></td><td></td><td>○</td><td>△</td></tr>
<tr><td>72</td><td>非磁性金属丝铠装聚氯乙烯外套</td><td>各种金属套</td><td></td><td></td><td></td><td></td><td></td><td></td><td></td><td>△</td><td>△</td><td>△</td><td></td><td>△</td><td>△</td></tr>
<tr><td>73</td><td>非磁性金属丝铠装聚乙烯(或聚烯烃)外套</td><td>各种金属套</td><td></td><td></td><td></td><td></td><td></td><td></td><td></td><td>△</td><td>△</td><td></td><td></td><td>△</td><td>△</td></tr>
<tr><td>441</td><td>双粗圆钢丝铠装纤维外被</td><td>铅套</td><td></td><td></td><td></td><td></td><td></td><td></td><td></td><td></td><td>△</td><td></td><td></td><td>○</td><td>△</td></tr>
<tr><td>241</td><td>钢带-粗圆钢丝铠装纤维外被</td><td>铅套</td><td></td><td></td><td></td><td></td><td></td><td></td><td></td><td></td><td>△</td><td></td><td></td><td>○</td><td>△</td></tr>
<tr><td colspan="16">△表示适用;○表示当采用具有良好非金属防蚀层钢丝时适用。</td></tr>
</table>

第 8 章　《电缆外护层 第 3 部分：非金属套电缆通用外护层》GB/T 2952.3—2008 部分原文摘录

3　型号、名称

非金属套电缆通用外护层的型号、名称应符合 GB/T 2952.1—2008 和表 1 的规定，推荐用于表 1 所列主要敷设场所。

表1　非金属套电缆通用外护层的型号、名称和主要敷设场所

型号	名称	主要适用敷设场所										
		敷设方式								特殊环境		
		室内	隧道	电缆沟	管道	埋地		竖井	水下	易燃	严重腐蚀	拉力
						一般土壤	多砾石					
12	联锁钢带铠装聚氯乙烯外套	△	△	△		△	△			△	△	
22	钢带铠装聚氯乙烯外套	△	△	△		△	△			△	△	
23	钢带铠装聚乙烯(或聚烯烃)外套	△		△		△	△				△	
32	细圆钢丝铠装聚氯乙烯外套					△	△	△	△	△	△	△
33	细圆钢丝铠装聚乙烯(或聚烯烃)外套					△	△	△	△		△	△
34	细圆钢丝铠装弹性体外套					△	△	△	△		△	△
41	粗圆钢丝铠装纤维外被								△		○	△
52	皱纹钢带铠装聚氯乙烯外套	△	△	△	△	△				△	△	
53	皱纹钢带铠装聚乙烯(或聚烯烃)外套	△		△	△	△					△	
62	(双)非磁性金属带铠装聚氯乙烯外套	△	△	△		△	△			△	△	
63	(双)非磁性金属带铠装聚乙烯(或聚烯烃)外套	△		△		△	△				△	
72	非磁性金属丝聚氯乙烯外套							△	△	△	△	△
73	非磁性金属丝聚乙烯(或聚烯烃)外套							△	△		△	△
441	双粗圆钢丝铠装纤维外被									△	○	△
241	钢带-粗圆钢丝铠装纤维外被									△	○	△
注:△表示适用;○表示当采用具有良好非金属防蚀层的钢丝时适用。												

第9章《单根电线电缆燃烧试验方法 第1部分:垂直燃烧试验》GB/T 12666.1—2008部分原文摘录

1　范围

GB/T 12666的本部分适用于检验单根电线电缆或电缆中的一根绝缘线芯

在垂直状态下用规定火焰直接燃烧的阻燃性能。

GB/T 12666的本部分规定了单根电线电缆间歇供火垂直燃烧试验设备及方法，并给出了推荐的性能要求。

注：使用能延缓火焰蔓延并符合本部分要求的电线或电缆并不足保证该电线电缆能在所有敷设条件下阻止火焰的蔓延，因此，在一些蔓延危险性高的场合，如成束电缆大长度垂直敷设时，还应采用特殊的装置来预防。不应认为电缆试样符合本部分规定的性能要求。成束的该种电缆也会表现出类似的性能。

7　性能要求

如试验结果同时符合下述要求，则判定电线电缆通过本试验：

a）在任何一次喷灯停止供火后，残焰持续时间不超过60s；

b）在试验过程中和试验后，铺垫在底部的棉层没有被燃烧滴落物引燃（无火焰的炭化忽略不计）；

c）在试验过程中和试验后，指示旗被烧掉或烧焦成炭的面积小于25%（可以用布或手指抹去的烟灰或褐色的焦痕部分忽略不计）；

d）如果在试验过程中有灼烧物、燃烧着的微粒或液滴落在铺垫在底部的棉层外或喷灯或楔子上，则重复第6章的操作，棉层应覆盖以试样垂轴为中心的305mm×355mm长的试验表面，同时在喷灯周围楔子的表面铺上棉层，试验结果应符合第7章中a)、b)、c）的要求。

第10章　《单根电线电缆燃烧试验方法 第2部分：水平燃烧试验》 GB/T 12666.2—2008部分原文摘录

1　范围

GB/T 12666的本部分适用于检验单根电线电缆在水平状态下用规定火焰直接燃烧时的阻燃性能。

GB/T 12666的本部分规定了单根电线电缆水平燃烧试验设备及方法，

并给出了推荐的性能要求。

7 性能要求

如试验结果同时符合下述要求，则判定电线电缆通过本实验。

a）试样炭化长度不大于100mm；

b）在试验过程中和试验后，铺垫在试验室底部的棉层没有被燃烧滴落物引燃（无火焰的炭化忽略不计）；

c）如果在试验过程中有灼烧物、燃烧着的微粒或液滴落在铺垫在底部的棉层外或楔子上，则重复第6章的操作，棉层应覆盖以试验水平轴为中心的305mm×355mm长的试验表面，同时在喷灯周围楔子的表面铺上棉层，试验结果应符合第7章中a）、b）的要求。

第11章《单根电线电缆燃烧试验方法 第3部分：倾斜燃烧试验》GB/T 12666.3—2008部分原文摘录

1 范围

GB/T 12666的本部分适用于检验单根电线电缆在倾斜状态下用规定火焰直接燃烧时的阻燃性能。

GB/T 12666的本部分规定了单根电线电缆倾斜燃烧试验设备及方法，并给出了推荐的性能要求。

7 试验结果评定

对特定型号或种类的电线或电缆的性能要求，应符合相关电缆产品标准中的规定。若电缆产品标准中未作规定，则至少要满足如下要求。

——喷灯火焰从试样上移去之后60s内，试样上的余焰熄灭。

第 12 章　《在火焰条件下电缆或光缆的线路完整性试验　第 11 部分：试验装置——火焰温度不低于 750℃的单独供火》GB/T 19216.11—2003 部分原文摘录

1　范围

GB/T 19216 的本部分规定了用温度不低于 750℃的火焰（控制热量的输出）单独供火试验时要求保持线路完整性的电缆或光缆所使用的试验装置。

附录 A 还提供了本试验用喷灯和控制系统的验证方法。

3　定义

3.1

线路完整性　circuit integrity

在规定的火源和时间下燃烧时能持续地在指定状态下运行的能力。

第 13 章　《在火焰条件下电缆或光缆的线路完整性试验　第 12 部分：试验装置——火焰温不低于 830℃的供火并施加冲压》GB/T 19216.12—2008 部分原文摘录

1　范围

GB/T 19216 的本部分规定了用于受控热输出标称温度为 850℃的火焰供火和机械冲击试验条件下，要求保持线路完整性的试验电缆所使用的试验装置。

7　性能要求

7.1　供火时间

供火时间应在相关的电缆标准中规定。如果没有，推荐供火时间为 90min。

注：基于产品试验至今的事实，供火时间定为 90min 是令人满意的。

7.2　合格判据

参照第 6 章给定的试验步骤，具有保持线路完整性的电缆，只要在试验过程中：

——保持电压，即没有一个熔断器或断路器断开；

——导体不断，即灯泡一个也不熄灭。

9　试验报告

试验报告应包含下列内容：

a）被试电缆的详细说明；

b）被试电缆的制造者；

c）试验电压；

d）在方法上与本标准要求的任何差异；

e）实际采用的性能要求（参考第 7 章或相关线缆标准）；

f）供火时间。

注：供火时间通常被作为电缆保持线路完整性的额定值规定在电缆产品标准中。如果要在电缆上做符合本标准的标志，则建议也标上供火时间，即对于供火时间 90min 的标志为“GB/T 19216.21（90）”。

第 14 章　《在火焰条件下电缆或光缆的线路完整性试验　第 21 部分：试验步骤和要求——额定电压 0.6/1.0kV 及以下电缆》GB/T 19216.21—2003 部分原文摘录

1　范围

GB/T 19216 的本部分规定了额定电压 0.6/1.0kV 及以下电缆在火焰条件下燃烧而要求保持线路完整性的试验步骤和性能要求，包括推荐的供火时间。

本部分规定了试样制备方法、连续性检查装置、电气试验步骤和燃烧电缆的方法，并给出了评价试验结果的要求。

本部分适用于低压电力电缆和具有额定电压的控制电缆。

第15章　《在火焰条件下电缆或光缆的线路完整性试验　第31部分：供火并施加冲击的试验程序和要求——额定电压0.6/1kV及以下电缆》GB/T 19216.31—2008部分原文摘录

1　范围

GB/T 19216的本部分规定了额定电压0.6/1 kV及以下需要保持线路完整性的电缆在特定条件下燃烧并受到机械冲击的试验程序和性能要求，并规定了供火的时间。本部分打算用于外径大于20mm的试验电缆。

本部分规定了试样制备方法、连续性检查装置、电气试验程序、燃烧电缆的方法和机械冲击产生的方法。并规定了试验结果的评定要求。

本部分适用于低压电力电缆和具有额定电压的控制电缆。

注： 虽然本部分适用范围仅局限于额定电压0.6/1kV及以下的电缆，但当制造厂和买方同意，并配备合适的熔断器后，本程序也可用于额定电压3.3kV及以下的电缆。

7　性能要求

7.1　供火时间

供火时间应在相关的电缆标准中规定，如果没有，推荐供火和敲击的时间为120min。

7.2　合格判据

按照第6章给定的试验程序，具有保持线路完整性的电缆，只要在试验过程中：

——电压保持，即没有一个熔断器熔断或断路器断开。

——导体没有断开，即没有一个灯泡熄灭。

9 试验报告

试验报告应包括下列内容：

a）被试电缆的全部说明；

b）被试电缆的制造者；

c）试验电压；

d）在本试验中电缆的实际弯曲半径；

e）实际采用的性能要求（参照第7章或相关电缆标准）；

f）供火时间。

第16章 《电缆和光缆在火焰条件下的燃烧试验 第33部分：垂直安装的成束电线电缆火焰垂直蔓延试验 A类》GB/T 18380.33—2008 部分原文摘录

1 范围

GB/T 18380的第31、32、33、34、35、36部分规定了一种试验方法，用来评价垂直安装的成束电线电缆或光缆在规定条件下抑制火焰垂直蔓延的能力。

注： 本部分中术语“电线电缆”包括所有用于能量或信号传输的金属导体绝缘电缆。

本试验用于型式认可试验。试验用电缆的选择要求见附录A。火焰蔓延通过电缆试样的损坏范围来测定。本试验程序可用于验证电缆抑制火焰蔓延的能力。

GB/T 18380的本部分适用于A类，电缆安装在试验钢梯上以使总体积中试样所含非金属材料为7L/m。供火时间为40min。电缆安装在钢梯前面，导体截面大于35mm^{2}的电缆根据电缆试样段数量使用标准钢梯或宽型钢梯，导体截面35mm^{2}及以下的电缆使用标准钢梯。A类用于评定高非金属材料体积含量的场合。

附录B中给出了推荐的性能要求。

5.1　试样

试样应由若干根等长的电缆试样段组成，每根电缆试样段的最小长度为3.5m。

电缆试样段的总根数应使总体积中试样所含非金属材料为7L/m。

试样应在附录A规定的范围内进行选择。

试验前作为试样的电缆试样段应在（20±10）℃下放置至少16h。电缆试样段应是干燥的。

5.2　电缆试样段数量的确定

为计算电缆试样段的数量，应确定一根电缆试样段每米所含非金属材料的体积。

小心截取一根不小于0.3m的电缆段，其截面与电缆轴线成直角以便能精确测量其长度。

每种非金属材料（包括发泡材料）的密度应采用适当方法测量，如GB/T 2951.13—2008，测得的数据修约到小数点后第2位。

从电缆段上剥下每一种非金属材料C；并称重。任何小于非金属材料总质量5%的材料应假定其密度为1kg/dm^3。

如果半导电屏蔽不能从绝缘材料上剥离，可以视为一体测量质量和密度。

每种非金属材料C_i的体积V_i（L/m电缆）按下式计算：

$$V_i=\frac{M_i}{\rho_i \times l}$$

其中：

M_i——材料C_i的质量，单位为千克（kg）；

ρ_i——材料C_i的密度，单位为千克每立方分米（kg/dm^3）；

l——电缆试样段的长度，单位为米（m）。

每米电缆所含非金属材料的总体积V等于各种非金属材料体积V_1、

V_2 等的总和。

将 5.1 规定的每米体积除以每米电缆非金属材料的总体积 V 得到需要安装的电缆试样段根数，取最接近的整数（0.5 及以上进位至 1）。

5.4 供火时间

供火时间应为 40min，此后应熄灭火焰。通过试验箱的空气流量应维持到电缆停止燃烧或发光，或者维持到最长 1h，此后应强行熄灭电缆的燃烧或发光。

6 试验结果评价

电缆燃烧或发光停止或被熄灭后，应将试样擦干净。

擦干净后，如果原表面未损坏，所有烟灰都可忽略不计。非金属材料软化或任何变形也忽略不计。火焰蔓延应通过损坏范围来测定，损坏范围为喷灯底边到炭化部分起始点间的距离，单位为 m，精确到 2 位小数。炭化部分起始点的确定如下：

用锋利物品，如刀口，按压电缆表面，表面从弹性变成脆性（粉化）的地方表示是炭化部分起始点。

7 性能要求

对特定型号或种类的电线电缆的性能要求应在相关电缆产品标准中单独的规定。在没有给定的性能要求时，采用附录 B 中推荐的性能要求。

9 试验报告

试验报告应包括如下信息：

i）被试电缆的完整描述；

j）被试电缆的生产厂家；

k）执行试验参照的标准部分；

l）电缆试样段的数量；

m）每米试样和电缆试样段中非金属材料的总体积；

n）安装方法（如间隔或接触）；

o）层数和每层电缆试样段数；

p）供火时间（如 40min）；

q）喷灯数量（如 1 个或 2 个）；

r）损坏范围；

s）所有燃烧和发光熄灭时间。

附录 B
（资料性附录）
推荐性能要求

无论是在钢梯前面还是后面，测得的试样最大炭化范围，都应不高于喷灯底边 2.5m。

根据试验，本推荐性能要求也符合 GB/T 18380.3—2001《电缆在火焰条件下的燃烧试验　第 3 部分：成束电线或电缆的燃烧试验方法》2.8.1 给出的值。

附录 C
（资料性附录）
试样根数的简易计算方法

试样根数根据试样的几何尺寸用下式计算确定：

$$n=\frac{1000V}{S-S_{\mathrm{m}}}$$

式中：

n——试样根数（根），取最接近的整数（0.5 及以上进位至 1）；

V——按试验类别确定的每米非金属材料的总体积为 7L/m；

S——一根试样横截面的总面积，单位为平方毫米（mm）^{2}；

S_{m}——一根试样横截面中金属材料的总面积，单位为平方毫米（mm^2）。

第4篇　产品特点及价格估算

第1章　厂家1电缆产品特点

1.1　低烟无卤阻燃、耐火电缆

1.1.1　制造工艺

1. 导体

导体绞合采用多根单线绞合且层层紧压的结构，提高导体表面的光洁度，以防导体表面缝隙和毛刺对电缆绝缘的不良影响，减小电缆成品外径以便于现场安装敷设。

2. 耐火层

对于WDZAN-YJY型耐火电缆该公司采用金云母带在导体外多层绕包结构，金云母带分解温度为840℃以上，其常温下体积电阻率不小于1010Ω·m，在绕包云母带时使云母带与导体结合紧密，利于电场均匀分布，增强电缆的电气绝缘性能。

3. 绝缘

电缆绝缘根据阻燃等级的不同采用交联聚乙烯或无卤低烟阻燃聚烯烃绝缘材料，交联聚烯烃绝缘采用挤压式挤出设备生产，使绝缘材料紧密的包覆在导体或金云母带层外，减少起火时绝缘与空气的接触空间以便起到更好的阻燃效果。同时对于需要辐照的产品，该公司拥有成熟的辐照交联设备。

4. 成缆

成缆采用阻燃耐高温材料填充，缆芯外绕包阻燃低烟无卤绕包带，这样在保证电缆圆整度的同时，进一步提升了电缆的阻燃、耐火性能。

5. 高阻燃低烟无卤护套

厂家1在电缆材料选择上严格控制，和供应商定做高阻燃低烟无卤聚烯烃材料，对 A 类阻燃低烟无卤聚烯烃氧指数提出明确要求，氧指数检测不小于 32%，在保证电缆的无卤低烟性能外，确保其阻燃特性。

1.1.2　低烟无卤阻燃电缆性能优越

厂家 1 采用了高阻燃材料，在阻燃性能试验时，产品实际炭化为 0.79m，离成束电缆燃烧试验炭化部分所达到的高度最大 2.5m 还有相当大的空间裕度范围。

1.1.3　透光率高

厂家 1WDZAN-YJY 型电缆送样至国家电线电缆质量监督检验中心做电缆成品烟密度试验时，实测透光率为 95%，远远高于标准要求的不小于 60%的要求。

1.2　矿物绝缘防火电缆

厂家 1 自主研发的矿物绝缘防火电缆是性能十分优良的安全型电缆，具有防火、耐高温、不引发火灾或传播火种、低烟无卤阻燃，以及在周围着火条件下不燃烧、不释放任何有害气体和烟雾的特性。

1.2.1　生产工艺

1. 导体

导体采用高纯度电工用无氧铜，纯度可达 99.99%，导体为 1 类或 2 类绞合圆形紧压导体，导体性能指标严格按照 GB/T 3956—2008 标准的规定。

2. 绝缘

矿物绝缘防火电缆绝缘结构设计为双层复合绝缘层，即多层矿物金云母带+辐照交联低烟无卤阻燃聚烯烃绝缘。

第一层为矿物绝缘层，采用多层矿物金云母带重叠绕包而成，且每层搭盖率不低于 25%。金云母带具有良好的耐火性、耐酸碱性和抗电晕、抗辐射的特性，且有极好的柔软性及拉伸强度。耐火实验表明：绕包了金云母带的电线电缆，在温度 840℃电压 1000V 的条件下可保证 90min 不击穿，其常温下体积电阻率不小于 1010Ω·m，并且由于金云母带中不含有卤素等，其在燃烧时具有低烟无卤特性，不产生有毒有害气体。

第二层采用辐照交联低烟无卤阻燃聚烯烃绝缘材料。绝缘具有优异的电气性能，辐照交联其独有的固态交联优势在于交联速率高、氧阻聚作用小、交联均匀、分子结构稳定等优点；辐照交联无卤阻燃聚烯烃经过电子加速器辐照交联后，其物理机械性能、电气性能得到极大的优化提升，尤其是辐照交联后常温下其体积电阻率不小于 1014Ω·m；挤出的绝缘具有表面光滑、机械性能优良、电性能好、耐老化性能好和耐紫外线辐射等特点，可以大大提高电缆使用寿命；同时辐照交联聚烯烃具有很好的低烟无卤特性，在电缆遇火燃烧时不会产生有毒有害气体，对环境不造成危害。

双层复合绝缘技术指标：矿物金云母带材料性能符合 GB/T 19666—2005 附录 C 技术要求；辐照交联低烟无卤阻燃聚烯烃绝缘材料机械物理性能符合 GB/T 19666—2005 附录 B 中 WJ2 型绝缘性能指标。

3. 无机矿物化合物填充（防火电缆核心）

填充采用无机矿物金属水合物（氢氧化镁），为厂家 1 自行配方设计而成的无机矿物化合物。当电缆在正常运行情况下，可以降低导体因过载而产生的热量，起到很好的保护内部绝缘作用，它具有降温、隔火、挡火的功能。

防火层采用氢氧化镁等金属水合物，该结构层在 350℃以下温度时逐渐释放出该层结构中的游离水分子，游离水分子释放过程中，蒸发降温，延缓电缆内部温升。等游离水分子蒸发殆尽时，该层结构成多孔网状结构，多孔网状结构温度上升至 350℃时，其中（氢氧化镁）$Mg(OH)_2$ 开始进行化学反应，释放出结晶水分子。由于多孔网状结构的保温绝热作用，延缓氢氧化镁发生化学反应，同时延缓结晶水分子蒸发，最终形成多孔网状骨架结构的绝热、隔火材料，进一步起到隔绝火源，延缓电缆内部结构温升，同时形成的多孔结构可以吸收在燃烧过程中产生的烟气。

（1）电缆外护套采用低烟无卤阻燃聚烯烃护套材料，低烟无卤阻燃聚烯烃电缆料通常由聚烯烃共混树脂加阻燃填充剂氢氧化铝、氢氧化镁和一些为了提高耐热寿命而添加的适量抗氧剂组合而成。其在燃烧时，阻燃填充剂氢氧化铝、氢氧化镁会释放出结晶水，吸收大量热量；与此同时，脱水反应会产生大量水蒸气，它可以稀释可燃性气体，从而阻止燃烧，另外会在材料表面形成一层不熔不燃的氧化物硬壳，阻断了高聚物与外界热氧反应的通道，从而达到较好的阻燃特性。

（2）低烟无卤阻燃聚烯烃护套具有阻燃、低烟、无卤、低毒等特性，同时其还具有较好的物理机械性能和电气性能。

（3）低烟无卤阻燃聚烯烃护套材料机械物理性能应符合 GB/T 19666—2005 附录 B 中 WH1 型护套性能指标。

4. 成缆

成缆间隙采用无机矿物化合物填充，填充后采用低烟无卤带绕包而成，起到保护无机矿物化合物作用，同时还可以保证电缆圆整。

5. 结构说明

厂家 1 自主研发的矿物绝缘防火电缆，电缆主体结构按国家标准 GB/T 12706.1—2008《额定电压 1kV（U_m＝1.2kV）到 35kV（U_m＝40.5kV）挤包绝缘电力电缆及附件第 1 部分：额定电压 1kV（U_m＝1.2kV）和 3kV（U_m＝3.6kV）电缆》，对矿物绝缘层及防火填充进行工艺改进。安全性能检测标准为 BS 6387—2013《在火灾情况下保持电路完好的电缆性能要求规范》。即厂家 1 生产的矿物绝缘防火电缆符合国家标准以及国际先进标准的规定。

1.2.2　电缆性能

厂家 1 拥有通过《国家防火建筑材料质量监督检验中心》防火电缆型式检验（安全性）报告。

试验数据与标准对比见表 4.1-1。

试验数据与标准对比　　**表 4.1-1**

检测项目	技术指标(英国耐火标准 BS 6387)	燃烧试验实测值（厂家 1）
线路完整性(单纯耐火 C)	950℃火焰下持续通电 180min 不击穿	960℃
线路完整性(耐火防水 W)	650℃火焰下 15min 后承受 15min 的水喷淋不击穿	670℃
线路完整性(耐火耐冲击 Z)	950℃火焰下承受 15min 的敲击振动不击穿	970℃

注：上表数据的来源可从厂家 1 的说明书中查到。

经过《国家防火建筑材料质量监督检验中心》燃烧试验中测出，电缆在BS 6387—2013试验条件下，火焰温度950℃，持续3h，电缆内部温度在500～600℃，低于云母带降解温度，所以可通过BS 6387试验要求。故电缆在火焰燃烧情况下可以正常运行使用。

1.2.3 产品优势

1. 厂家1所研制的矿物绝缘防火电缆，在提高耐火性能的同时能有效降低投资成本，能大长度连续生产，较好的解决了以往国内市场上耐火电缆的不足。

2. 电缆即使在1000℃以上烧蚀火焰中，也不会产生丝毫的烟雾，更无卤素及毒性气体。该电缆是能真正实现绿色环保，无“二次灾害”的安全型产品。

3. 该产品在电缆结构上及材料选用上进行了工艺优化处理，保证了电缆应具有的电气绝缘性能、弯曲性能及机械物理性能，安装时无需专用的技术设备及连接端子，与常规电缆一样。

第2章 厂家2电缆产品特点

2.1 低烟无卤阻燃、耐火电缆

2.1.1 从选材、生产过程的控制保证产品质量

1. 原材料采购

原材料品质的好坏直接决定了产品的性能高低、优劣。为此，对导体材料、绝缘材料、护套材料等主要材料从订货，对供应商现场审核，评审出合格供应商。进厂检验到生产结束全过程都进行严格的质量控制。为更有效地保证原材料的质量，公司按照ISO 9001质量保证体系的要求，对分承包方的生产及质量控制能力进行现场评定，确定合格分承包方。同时，定期、不定期地对分承包方进行汇评，淘汰不合格方，对入选的合格分承包方，按照原材料采购规范进行入厂检验和抽样检验，严格执行技术标准，把控原材料质量关。

2. 生产过程

选用优质无氧铜杆，采用最先进的连续退火拉丝机拉制铜单线，保证

了导体所用铜单线有较高的导电率，导体电阻小，降低线路损耗，大大提高了电缆载流量。同时铜单线退火充分均匀，保证了铜单线的柔软性，导体机械内应力小，便于电缆敷设。

大截面的电力电缆，其导体采用紧压结构，导体表面光滑、密实，保证了导体与绝缘的紧密结合，大大降低尖端和气隙放电的可能性。同时，导体紧压程度高，紧压系数达到0.90，有效地降低了导体表面的电场强度，在电缆的运行过程中能有效地延长电缆的使用年限。

绝缘和护套采用挤塑机，使塑料塑化充分均匀，挤出紧密，绝缘偏心度小，挤出绝缘和护套厚度均匀一致，塑料表面光滑，表观性能好。

多芯电缆采用成缆机成缆，保证成缆绝缘线芯所受扭转小，成缆线芯圆整。

3. 过程控制

从原材料的进厂到产品的出厂，有一整套产品检验规范，而且在生产过程中实行“三检——专检、自检、互检”《质量管理办法》，有效地控制产品质量。

2.1.2　产品检验

1. 先进的检测设备

产品检测设备见图4.2-1～图4.2-12。

图4.2-1　直流电阻检测设备

图 4.2-2　拉力试验设备
（机械性能）

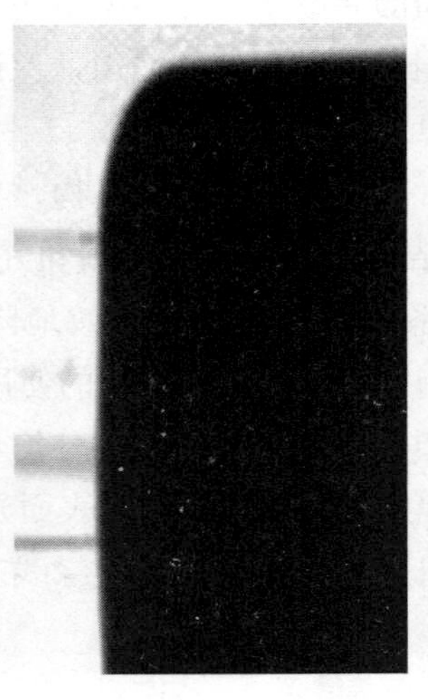

图 4.2-3　投影仪
（结构尺寸）

图 4.2-4　老化试验箱

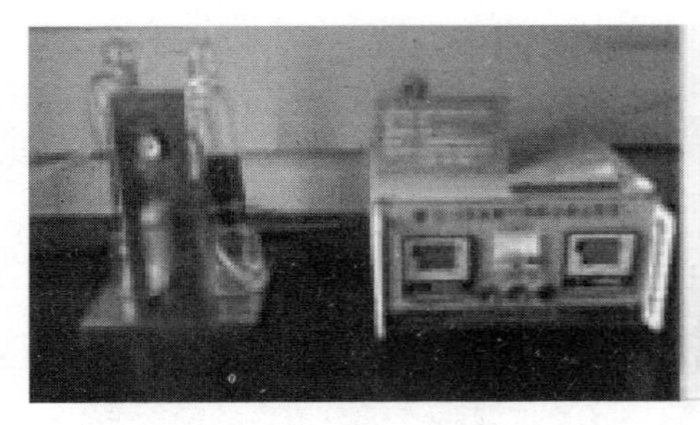

图 4.2-5　卤酸气体溢出测定设备

图 4.2-6　单纯耐火试验

图 4.2-7　喷淋试验

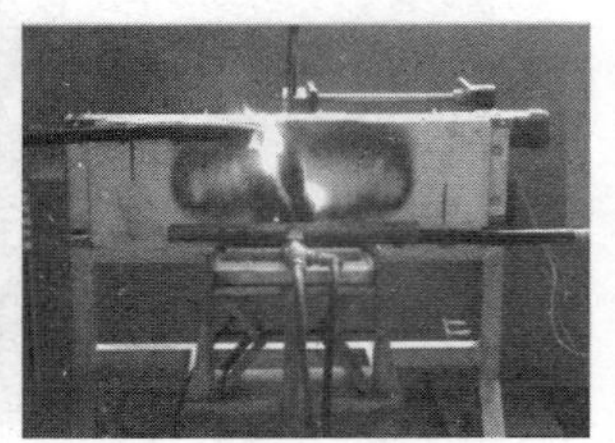

图 4.2-8　冲击试验

图 4.2-9　耐火试验设备

图 4.2-10　单根垂直燃烧试验设备

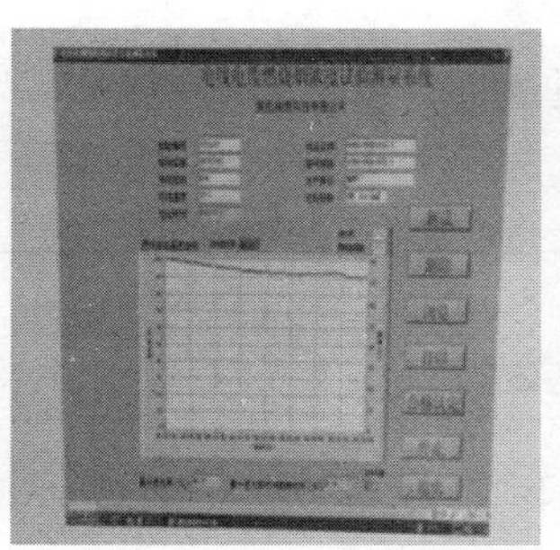

图 4.2-11　成品透光率设备

图 4.2-12　成束燃烧试验设备

2. 制定完善的中间检验规范：

拉丝和退火工序检验规范见表 4.2-1。

拉丝和退火工序检验规范　　**表 4.2-1**

工序名称	拉丝退火工序		
检验项目	检验要求	测量器具及方法	检验频次(班)
丝径	符合工艺文件	0.001mm 千分尺	每台机按首检、尾检/盘

续表

工序名称	拉丝退火工序		
检验项目	检验要求	测量器具及方法	检验频次(班)
电阻率	符合工艺文件	直流电桥 送测试室测量	每班每规格至少一次以上
铜丝伸长率	符合工艺文件	拉力试验机 送测试室测量	每班每规格至少一次
铝丝抗张强度	符合工艺文件	拉力试验机 送测试室测量	每班每规格至少一次以上,有质量计划的按质量计划执行
外观质量	表观质量光洁、无三角口、裂纹、夹杂物和严重的氧化变色,排线要整齐,导体不超盘,装盘长度符合工艺与计划	目测	全检
流转卡标识与实物的一致性	退火后所挂的流转卡与实物要一致	0.001mm 千分尺	至少检十盘以上

束绞工序检验规范见表 4.2-2。

束绞工序检验规范 **表 4.2-2**

工序名称	束绞工序		
检验项目	检验要求	测量器具及方法	检验频次/班
绞合用单丝直径	符合工艺文件	0.01mm 千分尺	开机前至少抽检 10 根以上
绞线外径及根数	符合工艺文件	0.02mm 游标卡尺	按首检、中检、尾检/番丝
绞合节距	符合工艺文件	铺纸法、圈尺、0.02mm 游标卡尺	按首检、中检、尾检/番丝
绞向	各层绞向符合工艺文件	目测	1次/番
导体的外观质量	导体表面要光滑,色泽均匀、无明显三角口、裂纹、毛刺、刃边、梅花边、油污、氧化	目测	1次/番

紧压导体工序检验规范见表 4.2-3。

紧压导体工序检验规范　　表 4.2-3

工序名称	紧压绞线工序		
检验项目	检验要求	测量器具及方法	检验频次/班
绞合用单丝直径	符合工艺文件	0.01mm 千分尺	开机前至少抽检 10 根以上
绞线外径及根数	符合工艺文件	0.02mm 游标卡尺	按首检、中检、尾检/番丝
导体截面积	符合工艺文件	天平	每规格批不少于三个试样（位于开头、中间、结束）
绞合节距	符合工艺文件	铺纸法、圈尺、0.02mm 游标卡尺	按首检、中检、尾检/番丝
绞向	各层绞向符合工艺文件	目测	1 次/番
导体直流电阻值	符合工艺文件	直流电桥送测试室测量	每规格批不少于三个试样（位于开头、中间、结束）
导体的外观质量	导体表面要光滑、色泽均匀、无明显三角口、裂纹、毛刺、刃边、梅花边、油污、氧化	目测	1 次/番

XLPE 绝缘挤出工序检验规范见表 4.2-4。

XLPE 绝缘挤出工序检验规范　　表 4.2-4

工序名称	XLPE 绝缘挤出工序		
检验项目	检验要求	测量器具及方法	检验频次(班)
挤出用导体结构尺寸及外观质量	符合工艺文件，表面光滑	0.02mm 游标卡尺、0.01mm 千分尺、目测	首检、中检、尾检/根
挤出绝缘厚度及最薄点	符合工艺文件	0.02mm 游标卡尺、刻度放大镜必要时用投影仪测量	首检、中检、尾检/根
火花检验	火花机完好，导体接地，火花检验电压符合规定	目测	1 次/根
XLPE 的交联度	架空线热延伸符合工艺文件、内芯温水时间达到规定值	用投影仪测量	1 次/盘
绝缘分色	符合工艺文件和生产任务单要求	目测	1 次/盘
单根线芯挤出后丝径的延伸	符合工艺文件	0.01mm 千分尺	首检、尾检/根
印字质量	正确、清晰可辨、完整、耐磨（包括标志数字顺序、大小、内容）	目测、擦拭	首检、中检、尾检/根

续表

工序名称	XLPE 绝缘挤出工序		
检验项目	检验要求	测量器具及方法	检验频次(班)
绝缘外观质量	色泽均匀、无油污、水分、破洞、焦粒子和损伤,绝缘无目力可见的气孔、砂眼、夹杂、凹凸槽,不能有换色不清;与标准色谱对照颜色色标	目测	首检、中检、尾检/根

绕包工序检验规范见表 4.2-5。

绕包工序检验规范 **表 4.2-5**

工序名称	绕包工序		
检验项目	检验要求	测量器具及方法	检验频次(班)
绕包用内芯的结构尺寸	符合工艺文件	0.01mm 千分尺、0.02mm 游标卡尺、目测	首检/根
绕包材料	符合工艺文件	目测、0.02mm 游标卡尺、0.01mm 千分尺	全检
绕包的搭盖率	符合工艺文件	0.02mm 游标卡尺	首检、中检、尾检/根
绕包的紧密度	紧密绕包在导体或金属屏蔽层或缆芯或金属铠装上	手感	首检、中检、尾检/根
绕包用收线盘	收线盘要用铁盘,而且导体内芯绕包云母带、聚酯带时每两层间要有纸袋垫好	目测	3 次/盘

成缆工序检验规范见表 4.2-6。

成缆工序检验规范 **表 4.2-6**

工序名称	成缆工序		
检验项目	检验要求	测量器具及方法	检验频次(班)
成缆用内芯的结构尺寸	符合工艺文件	0.01mm 千分尺、0.02mm 游标卡尺、刻度放大镜、目测	首检、尾检/根
成缆的节距、方向	符合工艺文件	0.02mm 游标卡尺、卷尺	首检、中检、尾检/根
成缆外径	符合工艺文件	0.02mm 游标卡尺	首检、中检、尾检/根
成缆圆整度	符合工艺文件	(最大外径-最小外径)/最大外径 * 100%,目测	首检、中检、尾检/根

续表

工序名称	成缆工序		
检验项目	检验要求	测量器具及方法	检验频次(班)
绕包,填充用的材料以及铠装钢带规格	符合工艺文件	0.02mm游标卡尺、0.01mm千分尺、目测	全检
成缆压模的使用	大小合适,无破损、变形	目测	首检/根
成缆线芯色序的排列	按规定顺时针排列	目测	首检/根

塑料外护套挤出工序检验规范见表4.2-7。

塑料外护套挤出工序检验规范　　表4.2-7

工序名称	塑料外护套挤出工序		
检验项目	检验要求	测量器具及方法	检验频次/班
挤出外护前的半成品质量	圆整度,外径	0.02mm游标卡尺、目测	首检/根
机头抽真空,密封措施	符合工艺文件	目测	1次/根
外护层厚度和最薄点厚度	符合工艺文件	0.02mm游标卡尺、刻度放大镜、目测	首检、中检、尾检/根
火花检验	火花机完好,金属带、金属丝要接地,火花检验电压要符合规定	火花机	1次/根
挤包后的外观质量	挤包紧密、无破洞、无鼓包、无未塑化和焦烧缺陷,其断面无肉眼可见的砂眼,杂质和气泡,无模套刮印	目测	首检、中检、尾检/根
印字质量	正确、清晰可辨、完整、耐磨(型号、规格、电压、厂名、品牌、米数)	目测	首检、尾检/根

2.2　额定电压0.6/1kV无机矿物绝缘防火电缆

2.2.1　产品生产范围及结构示意

1. 产品型号见表4.2-8规定。

产品型号 **表 4.2-8**

型 号	电压等级	名 称
WTTZ WTTEZ	0.6/1kV	铜护套无机矿物绝缘防火电缆 铜护套无机矿物绝缘无卤低烟外护套防火电缆

2. 产品生产范围见表 4.2-9 规定。

产品生产范围 **表 4.2-9**

型号	额定电压	芯数	标称截面(mm²)
WTTZ WTTEZ	0.6/1kV	1	1.5～800
		2、3	1.5～240
		4、5	1.5～150

3. 电缆样图

电缆结构示意和样品见图 4.2-13 和图 4.2-14。

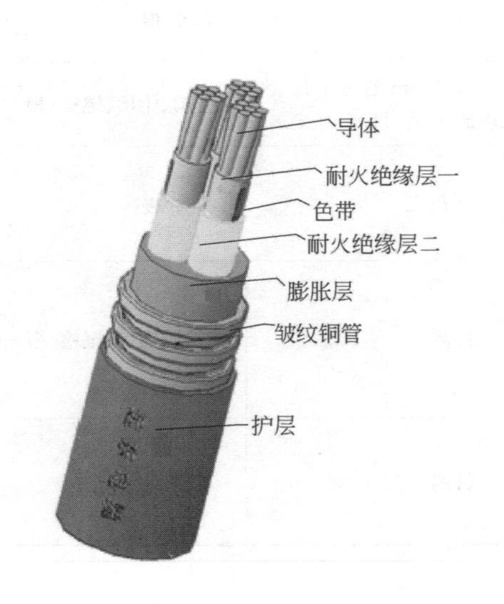

图 4.2-13 电缆结构示意

图 4.2-14 电缆样品

2.2.2 产品工艺流程图

产品工艺流程图见图 4.2-15。

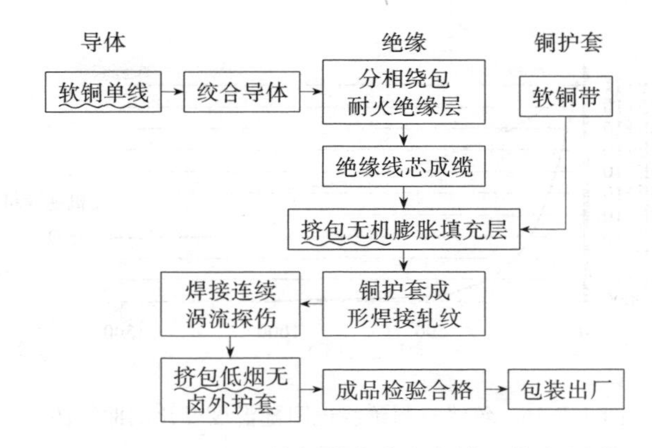

图 4.2-15　无机绝缘铜护套防火电缆工艺流程图

2.2.3　无机矿物绝缘铜护套防火电缆的结构特点

无机矿物绝缘铜护套防火电缆是铜芯氧化镁矿物绝缘电缆（BTTZ）的一种改进结构；它保持着铜芯氧化镁矿物绝缘电缆（BTTZ）的核心技术，即组成电缆的主要材料都是无机材料，导体、绝缘、填充层、金属护套都能满足在高温燃烧的条件下（950℃、5h）的完整性、性能稳定、无老化现象，在处于被火焰燃烧的状态下结构稳定，低烟无毒；铜护套电阻值低，可以作为接地线（PE 线）。同时，其导体采用多根绞合结构，填充选用柔性无机复合材料，铜护层采用皱纹结构大大提高了防火电缆的柔软性，弯曲性好，便于安装敷设。

2.2.4　无机矿物绝缘铜护套防火电缆的材料特点

1. 无机耐火绝缘带

绕包多层无机耐火绝缘带作为耐火绝缘层，耐火绝缘带可以有耐火云母带和玻璃纤维带两种带材组合而成，带材应紧密地绕包在导体上，耐火绝缘层的厚度和绝缘性能满足高温下的绝缘和耐火性能要求。

经脱水处理后的无机绝缘材料高温下的绝缘性能见图 4.2-16。

2. 无机复合膨胀填充层

为保证电缆在火焰中能正常供电，且保证电缆在着火和救灾环境下结构更加稳定，在电缆结构设计中，增加了具有耐火膨胀性能的无机复合填充层，该填充层在高温和火焰条件下，体积膨胀使绝缘相间位置固定，电缆绝缘结构更加稳定。

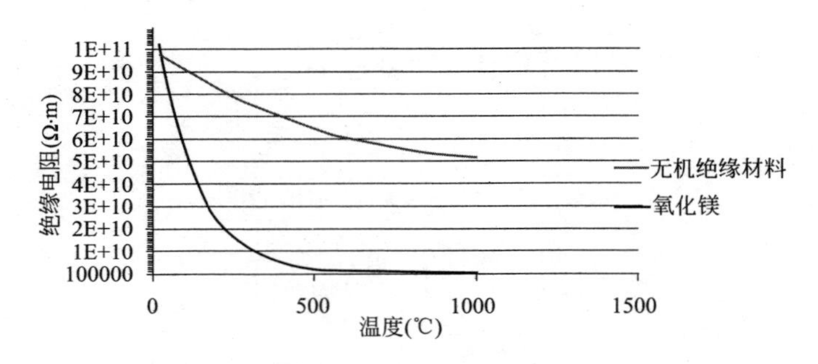

图 4.2-16　绝缘材料绝缘电阻随温度变化的曲线图

该无机复合材料随温度膨胀曲线见图 4.2-17。

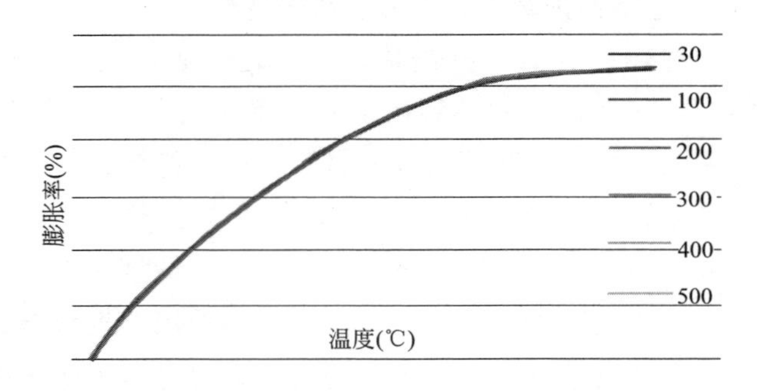

图 4.2-17　无机复合填充材料随温度膨胀曲线

3. 铜护套

铜护套采用纯度为 99.5％的无氧铜，铜护套采用密闭螺纹形式，既提高电缆柔软性，又防潮、防水、抗振动。同时铜护套面积不小于保护接地线面积，完全满足保护接地线要求。

2.2.5　无机矿物绝缘铜护套防火电缆的主要性能特点

1. 优良的耐火性能

耐火试验满足 950～1000℃、5h 燃烧要求。同时，在燃烧中承受水喷与机械撞击。

2. 使用温度高

因其使用材料基本都是无机材料，可长期在较高的温度下运行，无老化现象，电缆长期允许工作温度达到 180℃。

3. 过载能力强

因其短路时允许最高温度可以达到1000℃，可承受较大的短路电路。

4. 防爆

因其有坚硬的铜护套，抗压能力强，具有防爆作用。

5. 低的接地电阻

铜护套可作为最好的接地线使用，提高接地保护灵敏度和可靠性。

6. 无电磁干扰

该电缆与信号电缆同时敷设时，在铜护套屏蔽下，不会对信号线、控制电缆传输的信号产生干扰。

7. 寿命长

电缆所用材料基本都是无机材料，无老化现象，性能长期稳定，寿命长。铜护套在常规环境下，寿命远比有机材料长。

8. 电缆弯曲性能好

由于导体采用多根单线绞合而成，绝缘和填充均采用柔软的无机材料，采用轧纹形式，使得电缆十分柔软，弯曲半径小，便于安装敷设。

9. 导体生产截面大、芯数多

单芯电缆截面可以做到800mm^2，多芯电缆总截面可达1000mm^2，芯数可以1～6芯，完全满足客户对电缆截面的要求。

10. 电缆生产长度长

由于和常规的电力电缆生产方式基本相同，所以只要运输重量和收线盘允许，电缆可以根据客户要求制作长度，中间不需要接头。

11. 电缆敷设安装方便

较柔软的电缆，易弯曲，不需要专门的敷设工具，电缆端头具有防潮性，不吸湿、端头制作简便、快捷，安装敷设更方便。

2.3　改性超柔性防火电缆（WTGE、WTGGE、WTGHE）

2.3.1　产品规格范围及结构示意

额定电压0.6/1kV改性超柔性防火电缆（型号：WTGE、WTGGE、WTGHE）是由铜绞线、瓷化胶合成矿物绝缘、非磁性金属护层、无卤低烟外护层等组成。是一种结构新颖、产品质量安全可靠，防火性能好、载流量大、柔性好、生产长度长、耐腐蚀、安装敷设方便、环保的防火电缆。

1. 型号、规格

型号、规格范围见表 4.2-10。

型号、规格范围　　表 4.2-10

型号	名称	芯数	截面(mm²)	电压等级
WTGE	铜芯瓷化胶合成矿物绝缘无卤低烟护套防火电缆	1	1.5～800	0.6/1kV
		2、3、4、5	1.5～240	
WTGGE	铜芯瓷化胶合成矿物绝缘不锈钢护层防火电缆	1	10～800	
		2、3、4、5	2.5～240	
WTGHE	铜芯瓷化胶合成矿物绝缘铝合金护层防火电缆	1	10～800	
		2、3、4、5	2.5～240	

2. 电缆样图

WTGE、WTGGE、WTGHE 电缆结构示意图见图 4.2-18、图 4.2-19。

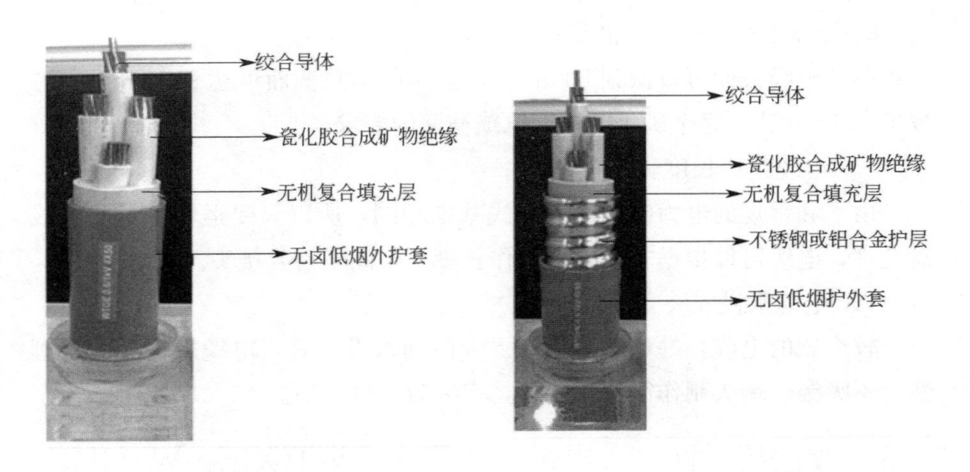

图 4.2-18　WTGE 电缆结构示意

图 4.2-19　WTGGE、WTGHE 电缆结构示意

2.3.2　产品工艺流程图

产品工艺流程图见表 4.2-20。

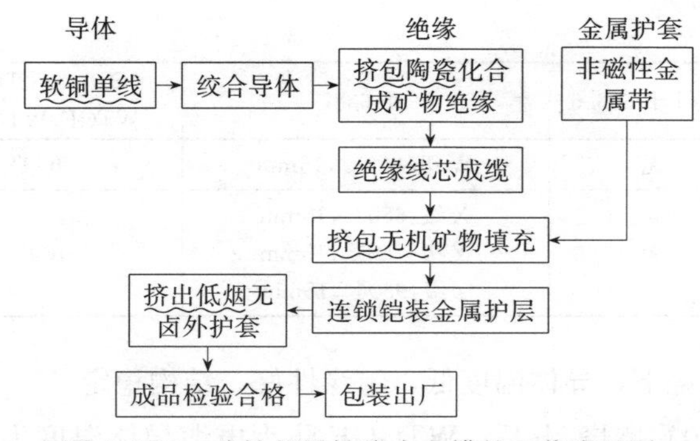

图 4.2-20　改性超柔性防火电缆的工艺流程图

2.3.3　改性超柔性防火电缆的材料特点

1. 采用挤包陶瓷化硅胶合成矿物绝缘材料

绝缘长期允许工作温度 200℃，在火焰燃烧下绝缘迅速转化为坚硬的矿物 SO_2 陶瓷壳体，这层陶瓷壳体起到很好的耐火、隔火、隔水及抗震的作用，最高可耐 3000℃高温，保证线路在火灾情况下的长时间通电。

2. 无机复合膨胀填充层

为了保证电缆在火焰中能正常供电，且保证电缆在着火和救灾环境下结构更加稳定，在电缆结构设计中，增加了具有耐火膨胀性能的无机复合填充层，该填充层在高温和火焰条件下，体积膨胀使绝缘相间位置固定，电缆绝缘结构更加稳定。

3. 非磁性金属护层

为了提高电缆的柔性，使电缆在安装敷设时更方便，性能更好，金属护层采用铝合金或不锈钢带联锁铠装形式。电缆弯曲半径为 6 倍的电缆外径。

2.3.4　改性超柔性防火电缆的主要性能特点

1. 优越的耐火性能

耐火电缆试验标准比较见表 4.2-11。

耐火电缆试验标准比较　　　　**表 4.2-11**

试验项目	GB/T 12666.6	BS 6387	Q/320282DCE110—2013 (WTGE、WTGHE、WTGGE)
燃烧	950℃，90min	A 级：650℃，180min B 级：750℃，180min C 级：950℃，180min	1000℃，300min

续表

试验项目	GB/T 12666.6	BS 6387	Q/320282DCE110—2013 (WTGE、WTGHE、WTGGE)
喷淋	无	W 级:650℃,15min	650℃,15min
机械撞击	无	X 级:650℃,15min Y 级:750℃,15min Z 级:950℃,15min	1000℃,15min

2. 负载燃烧下，导体温度低，绝缘性好，结构稳定

负载下 950℃燃烧 3h 后，WTGGE 防火电缆导体温度为 406℃，WT-GHE 防火电缆导体温度为 410℃，导体温度低，绝缘性好，结构稳定。

3. 过载能力强

该电缆长期工作温度为 200℃，短期工作温度可达 950℃，由于可以在远高于使用温度下工作，因此它能承受相当大的过载，也能承受很大的短路电流。

4. 电缆柔性好

电缆的最小弯曲半径为电缆直径 6 倍，敷设方便。

5. 连续生产长度长

由于该电缆采用绞合导体生产，连续挤包绝缘，生产工艺先进，长度可以根据客户要求任意长，最多可达 2000m，中间无任何接头，成盘供应，减少了接头成本，同时提高线路稳定性。

6. 规格范围广

该电缆导体采用圆形铜绞线，因此单芯电缆生产最大标称截面为 $800mm^2$，多芯电缆最大标称截面为 $240mm^2$，标称截面 2.5～$6mm^2$ 可生产芯数为 3～61 芯。

7. 机械强度高

采用非磁性金属护层，在常温或火灾情况下受到外界冲击时，具有很好的抗机械冲击能力。同时，满足具有一定外力一定落差的场合的敷设运行要求。

8. 耐腐蚀

由于非磁性金属护层具有高耐腐蚀性，在金属护层外有无卤低烟外护，即使在电缆易遭受化学品腐蚀性工业污染严重的地方，仍然安全。

9. 防水性

该电缆绝缘和无机填充层采用连续挤包工艺，且绝缘层填充材料在常温和高温下均具有防水性，外有金属护层，中间无接头，即使将电缆完全浸入水中，也可以正常运行。

10. 安装敷设方便

由于该电缆柔性好，弯曲半径小，便于弯曲，中间无接头，无需专门施工工具，一般电气人员均可按常规电缆的敷设方法进行。

11. 环保性

该电缆主要采用无机材料，所有材料具有低烟、无卤、无毒等特性，克服了普通塑料电缆在火焰燃烧中产生的烟雾和毒气对人员造成的“二次灾害”，是绿色环保防火电缆。

2.4　产品质量保证

2.4.1　产品标准

WTTEZ 电缆执行企标 Q/320282DCE091—2014《额定电压 0.6/1kV 铜护套无机绝缘防火电缆》；

WTGGE、WTGHE、WTGE 电缆执行企标 Q/320282DCE091—2014《额定电压 0.6/1kV 柔性防火电缆》；

企标中规范性引用标准包括：BS 6387《在火焰条件下电缆保持电缆完整性的性能要求》，GB/T 17651《电缆或光缆在特定条件下燃烧烟密度测定》，GB/T 18380《电缆和光缆在火焰条件下的燃烧试验》等。

厂家 2 通过了 ISO 9001 质量保证体系认证、测量管理体系认证、中国合格评定国家认可委员会实验室认证、第十一届全国质量奖、燃烧性能等级标识授权使用证书等。

2.4.2　产品质量保证

1. 原材料采购

依据 ISO 9001 质量保证体系要求对供应商进行现场审核，评审出合格供应商；对防火电缆所用原材料按国家标准及原材料采购规范和检验规范进行进厂检验，原材料检验合格后才能生产使用，对原材料检验不合格的按原材料不合格退货流程处理。严格执行技术标准，把控原材料质量关。

2. 生产过程

(1) 铜导体生产工艺

防火电缆导体选用优质的无氧铜管，采用进口德国 NIEHOFF 的铜线大拉机高速拉制出性能优良的铜单线，该进口设备拉出的铜单线有较高的导电率，电阻小、退火均匀、柔软性好、机械内应力小，便于电缆敷设。铜单线抗拉强度、伸长率、20℃电阻率等性能符合 GB/T 3953—2009 的规定。

德国 NIEHOFF 的铜线大拉机见图 4.2-21。

图 4.2-21 德国 NIEHOFF 的铜线大拉机

图 4.2-22 法国 Pourtier 的 630/91 框绞机

采用法国 Pourtier 的 630/91 框绞机（见图 4.2-22）进行铜丝绞制，用该设备绞制出来的导体表面光滑、密实，保证了导体与绝缘的紧密结合，大大降低尖端和气隙放电的可能性。同时，导体采用紧压导体，紧压程度高，紧压系数达到 0.90，有效地降低了导体表面的电场强度，在电缆的运行过程中能有效地延长电缆的使用年限。

（2）WTTEZ电缆绕包耐火绝缘层

绝缘由绕包耐火耐高温无机绝缘带多层构成。绕包工序选用卧式绕包机，将耐火耐高温带材多层均匀紧密地绕包在导体上。在满足电缆常温和高温电气性能的前提下，选择的带材可以是一种或多种复合。在绕包生产过程中调节好绕包头张力和速度，确定好合理的生产线速度，绕包时控制好绕包角度和绕包带材节距，保证无机带材均匀紧密地绕包在导体上，不出现松散、脱落和断股等质量缺陷。耐火绝缘层的厚度和绝缘性能满足Q/320282DCE091—2014标准的要求；绝缘线芯通过GB/T 3048.9规定的交流50Hz、10kV的火花试验作为中间检查。

（3）WTGGE、WTGHE电缆挤包瓷化胶合成矿物绝缘层

选用硅橡胶机在导体或耐火带上挤包陶瓷化硅橡胶，经过高温硫化管进行硫化，硫化时要控制好硫化温度，并确定合理的生产线速度，确保绝缘表面光滑，采用数字识别，将阿拉伯数字印在绝缘线芯的外表面上，数字颜色应相同并与绝缘颜色有明显反差，且字迹清晰耐擦。多芯电缆采用成缆机成缆，保证成缆绝缘线芯所受扭转小，成缆线芯圆整。

（4）挤包无机膨胀填充层

选配的材料满足挤包工艺要求，该材料经燃烧后起到隔热降温作用，体积膨胀能满足结构稳定要求，压紧绝缘线芯、固定三相导体相对位置，从而使绝缘线芯在高温中更加紧密稳定。通过对材料配方进行多次试验研究，最终选择了一种无机复合膨胀材料作为填充隔离层。

（5）铜护套

采用中国电子科技集团公司第23研究所GHZ50氩弧焊机组进行氩弧焊焊接铜管。铜护套采用氩弧焊对合缝处进行焊接，焊接处强度应不低于母材的80%。焊接处表面不能有皱纹、裂纹、毛刺、夹杂物及其他对使用有害的缺陷。以焊接连续涡流探伤技术来检测焊接质量，铜护套的平均厚度应不小于标准Q/320282DCE091—2011的规定。

（6）连锁铠装金属护套

非磁性金属连锁铠装工序是在连锁铠装机上进行，根据加工缆芯的外径，确定了金属带材的宽度、厚度，接头焊接处的强度要求不低于母材的90%。联锁铠装前要准备好模具、选好收线盘、调试好设备，才能进行正式生产。

（7）外护套

护套采用挤塑机，使塑料塑化充分均匀，挤出紧密，绝缘偏心度小，挤出绝缘和护套厚度均匀一致，塑料表面光滑，表观性能好。

3. 过程控制

公司所有员工树立“质量第一”的观念，从原材料的进厂到产品的出厂，有一整套产品检验标准，包括原材料检验标准、中间工序检验标准、成品检验标准等。而且在生产过程中做到“三按”（按图纸、按工艺、按标准），产品质量实行“三检”（自检、互检、专检），严格执行公司质量管理部下发的《质量管理办法》，有效地控制产品质量。

4. 产品检验

产品检测设备见图 4.2-23～图 4.2-38。

图 4.2-23　计米装置

图 4.2-24　管焊接涡流探伤仪

图 4.2-25　工频火花机

图 4.2-26　高压试验台

图 4.2-27　1000℃燃烧负载运行下导体温度和电压降测量试验

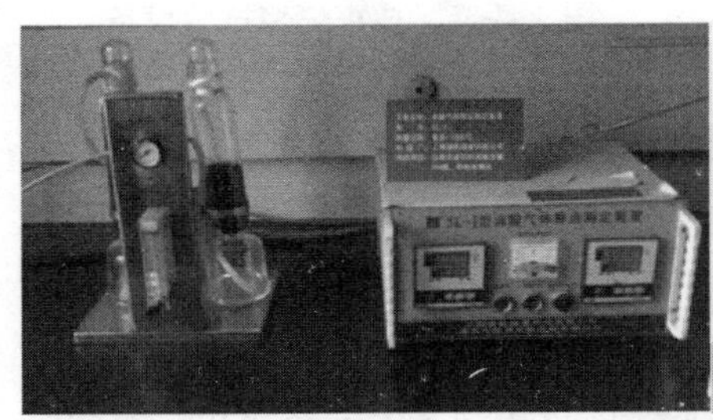
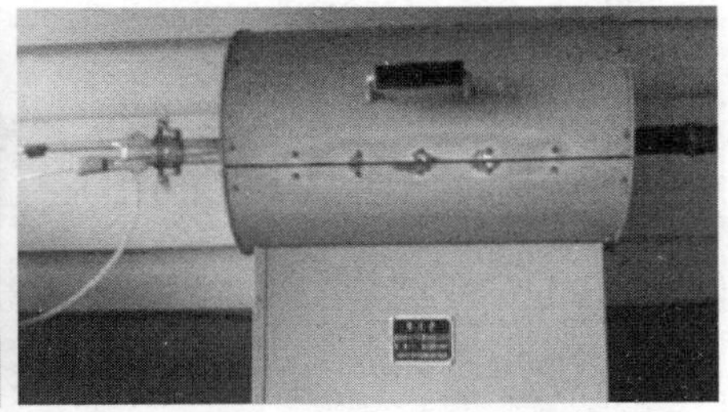

图 4.2-28　卤酸气体溢出测定设备

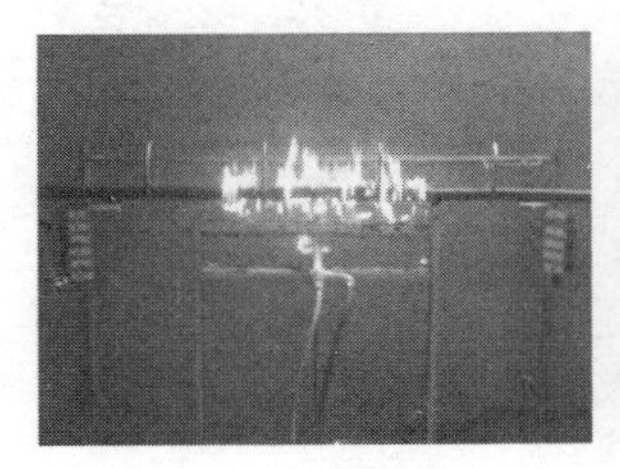

图 4.2-29　单纯耐火试验

图 4.2-30　喷淋试验

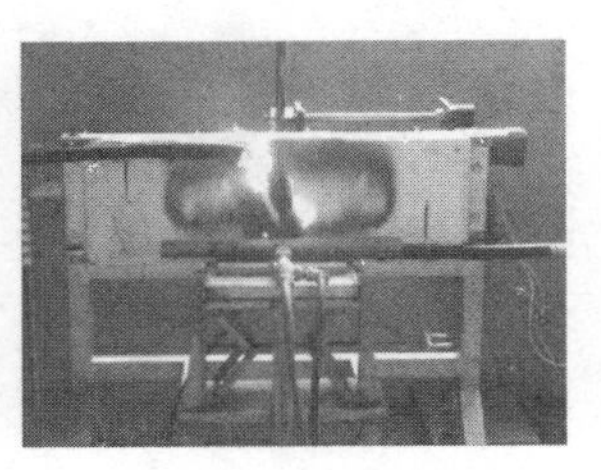

图 4.2-31　冲击试验

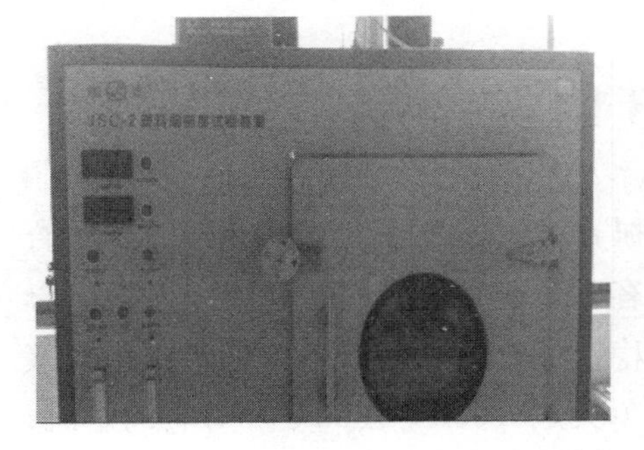

图 4.2-32　低烟无卤材料烟密度试验设备

图 4.2-33　单根垂直燃烧试验设备

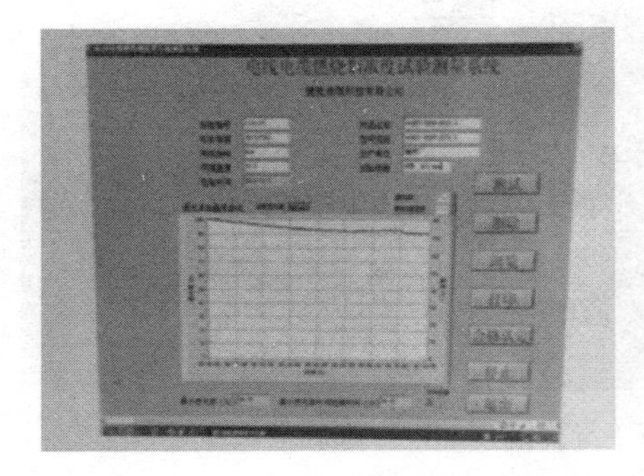

图 4.2-34　成品透光率设备

图 4.2-35　成束燃烧试验设备

图 4.2-36　拉力试验设备

图 4.2-37　投影仪

图 4.2-38　老化试验箱

第 3 章　厂家 3 电缆产品特点

隔离型矿物绝缘防火电缆的绝缘摒弃了 NH-YJV 由云母带与有机聚合物复合的方式，采取云母带绕包，从客观上避免了有机炭化粒子，对云母带绝缘的侵袭，从而提高绝缘的耐火稳定性；由于外套采用铜带纵包焊接后压纹，这样既增加了可挠性，也避免火焰（950～1000℃）对它的熔融，故可明敷而不必敷设在密封金属管或密封槽盒内。

云母带工艺先进，但金云母带的热稳定性仅维持在 800～820℃间，为了满足 BS6387 标准中 850～1000℃/3h 的要求，YTTW 须采用氟合成云母带，但是氟带含剧毒，据相关资料介绍它的热稳定性在 1000℃以上，但是在 640℃左右即有气态的低氟化物析出。

厂家 3 于 2008 年研制开发成功的金属护套连续挤出，金云母带无机矿物绝缘绕包的隔离型防火电缆（以下以 NG-A 表示）。

NG-A 把氟带恢复成无毒的金云母带，把焊接而成的铜管改成能连续挤出的铝管，要实现上述二点，关键是把他们的受火温度从 950～1000℃降到铝材的熔点 660℃及以下。NG-A 结构与“BTT 和 YTTW”不同的是：后者的外护套或是塑护层与铜管的组合或者直接就是裸露的铜管，外火源有多高温度，铜管或其内的绝缘就有多高温度，而 NG-A 结构的外层有阻火层（也称隔离层）存在，它能把 950℃的高温火焰降到 500℃以下，图 4.3-1 是 NG-A 型耐火电缆铝管壁实测的温度曲线。

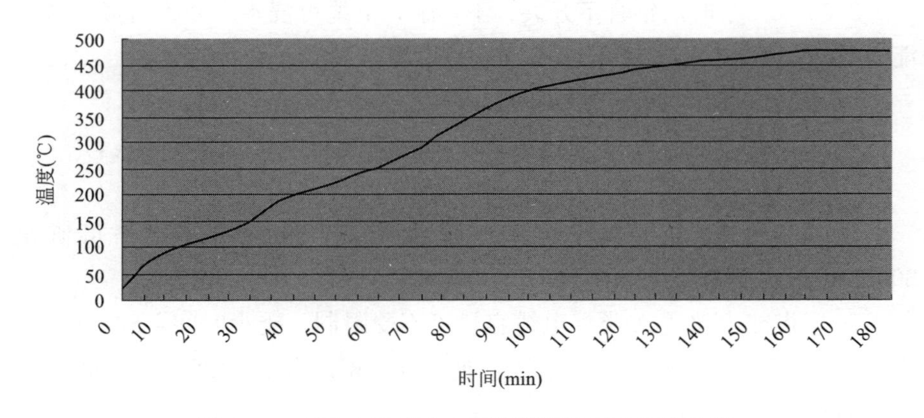

图 4.3-1　NG-A 型耐火电缆铝管壁实测的温度曲线

铝管在火焰下 3 小时其温度只有 480℃，并完好无损。当然铝管内的金云母带其受热温度不会高于 480℃，比 820℃的热破坏限值还有 340℃的裕量。

氢氧化铝与氢氧化镁在受高温前是呈凝胶状态，可直接挤出密实填充在电缆芯管隙间，它的导热系数比空气高出 100 余倍。而一旦受火就会即刻分解，变氢氧化铝和氢氧化镁为氧化铝和氧化镁，同时放出大量结晶 H_2O。水气的生成不但降低了受热体（电缆）的温度而且由此构成的多孔性气穴严重地阻隔了外部火焰对内的热辐射和热传导。常态下的高热导使电缆额定载流量不降反升（约15%～20%），而火焰时，又即刻反向逆转成高热阻材料，阻止高温对内的侵袭，这一“开关”特性是NG-A隔离型防火电缆的技术核心。

为了充填足够的隔离剂电缆的重量有所增加，其外径亦有所放大，其柔软度比铜护套矿物绝缘防火电缆也有所减少。重量和外径的增大会对桥架或槽盒（不需盖合）的承重带来影响，但对电缆常态下的载流能力带来了提升（散热效应改善）；特别是火焰高温下，由于隔离层的阻火作用其相芯导体的温度比同规格的“BTT或YTTW”要低400～500℃，铜导体每升高1℃其线阻就会增加0.0044倍，因此NG-A隔离型防火电缆在火灾场合下的电压损失值远优于其他防火电缆。

NG-A隔离型防火电缆的基本特性如下：

1. 950～1000℃/3h不击穿，具有国家检测中心及四川消防所双重报告；

2. 950℃3小时后铝管不开裂、不熔融，电缆可浸水，并维持额定载流能力；

3. 有防震结构，可耐重物坠落；

4. 出厂试验电压为3500V/5min，其允许运行电压为0.6/1kV；

5. 制造长度可满足用户需求，不必用中间接头接续；

6. $240mm^2$及以下规格可多芯成缆绞合，最大单芯规格可满足$800mm^2$及以下；

7. 阻燃能力超过A类（电缆容量可不受限制；受火时间：80min，受火温度850℃及以上；延燃高度：低于0.5m；自熄时间：5s；透光率≥70%）；

8. 电缆含卤量为零；

9. 终端采用常规热收缩封口；

10. 敷设弯曲半径为电缆直径的15倍（多芯），单芯为20倍。

第4章　价格估算

电缆价格估算见表4.4-1～表4.4-3。

低烟无卤阻燃电缆价格估算　　表4.4-1

序号	材料名称	规格型号	单价(元/m)		
			厂家1	厂家2	厂家3
1	铜芯交联聚乙烯绝缘聚乙烯护套低烟无卤A级阻燃电力电缆	WDZA-YJY-5×4	15.0	15.6	21.9
2		WDZA-YJY-5×6	21.3	21.8	30.9
3		WDZA-YJY-5×10	33.4	34.6	47.2
4		WDZA-YJY-5×16	51.5	52.6	72.3
5		WDZA-YJY-4×25+1×16	72.8	73.2	102.9
6		WDZA-YJY-4×35+1×16	96.4	93.9	129.8
7		WDZA-YJY-4×50+1×25	136.8	130.0	177.5
8		WDZA-YJY-4×70+1×35	190.2	183.0	247.9
9		WDZA-YJY-4×95+1×50	257.9	251.0	339.1
10		WDZA-YJY-4×120+1×70	325.6	320.0	441.2
11		WDZA-YJY-4×150+1×70	396.4	384.0	526.6
12		WDZA-YJY-4×185+1×95	493.8	477.0	664.4
13		WDZA-YJY-4×240+1×120	636.4	620.0	846.4

低烟无卤阻燃耐火电缆价格估算　　表4.4-2

序号	材料名称	规格型号	单价(元/m)		
			厂家1	厂家2	厂家3
1	铜芯交联聚乙烯绝缘聚乙烯护套低烟无卤A级阻燃耐火电力电缆	WDZAN-YJY-5×4	16.9	18.4	26.5
2		WDZAN-YJY-5×6	23.8	25.1	36.2
3		WDZAN-YJY-5×10	37.3	40.1	54.5
4		WDZAN-YJY-5×16	56.5	57.7	81.1
5		WDZAN-YJY-4×25+1×16	79.0	81.5	112.8
6		WDZAN-YJY-4×35+1×16	104.1	103.0	140.6
7		WDZAN-YJY-4×50+1×25	143.4	141.0	190.1
8		WDZAN-YJY-4×70+1×35	199.1	197.0	263.0
9		WDZAN-YJY-4×95+1×50	268.8	268.0	356.8
10		WDZAN-YJY-4×120+1×70	338.5	341.0	462.4
11		WDZAN-YJY-4×150+1×70	411.1	409.0	550.4
12		WDZAN-YJY-4×185+1×95	511.2	506.0	691.6
13		WDZAN-YJY-4×240+1×120	657.4	656.0	877.8

矿物绝缘类电缆价格估算 表4.4-3

序号	材料名称	规　　格	单价(元/m)		
			厂家1	厂家2	厂家3
1	无机矿物绝缘防火电缆	5×4	57.3	43.0	81.1
2		5×6	71.9	52.2	99.9
3		5×10	98.2	79.7	153.3
4		5×16	137.3	102.0	203.1
5		4×25+1×16	181.4	135.0	249.5
6		4×35+1×16	230.4	158.0	311.2
7		4×50+1×25	313.2	209.0	402.5
8		4×70+1×35	420.2	268.0	568.9
9		4×95+1×50	546.2	369.0	738.7
10		4×120+1×70	692.1	460.0	916.4
11		4×150+1×70	827.7	533.0	1201.9
12		4×185+1×95	1016.7	667.0	1474.6
13		4×240+1×120	1288.9	827.0	1835.9

注：市场价格波动较大，以上仅供参考。

附录　常用字母表示的含义

A：（聚）胺（酯）、安（装）、铝塑料护套。

B：扁、半、编（织）、泵、布、（聚）苯（乙烯）、玻（璃纤维）、补、平行。

C：车、醇、采（掘机）、瓷、重（型）、船用、蓄电（池）、磁充、偿、（黄蜡）绸、（三）醋（酸薄膜）、自承式。

D：带、（不）滴（流）、灯、电、（冷）冻（即耐寒）、丁（基橡皮）、镀。

E：二（层）、野（外）、对称结构（代号）、乙（丙橡皮）（EPR）。

F：（聚四）氟（乙烯）、分（相）、非（燃性）、飞（机）、泡沫聚乙烯（YF）。

G：钢、沟、改（性漆）、管、高（压）。

H：合（金）、环（氧漆）、焊花、通信电缆（用途代号）、H（H型，即分相屏蔽结构）、寒。

J：绞、加（强）、加（厚）、锯、局（用）。

K：（真）空、卡（普隆）、控制、铠装、空心。

L：铝、炉、蜡（克）、沥（青）、（防）雷、磷。

M：棉（纱）、麻、母（线）、帽、膜。

N：（自）黏（性）、泥（炭）、（高阻）尼（线芯）、尼（龙）、耐火。

O：同轴（结构代号）。

P：排、（芯）屏（蔽）、配（线）、贫（乏浸渍，即干绝缘）、信号电缆（用途代号）。

Q：牵（引车）、漆、铅、轻（型）、气、汽（车）、高（强度聚乙烯醇缩醛）。

R：软、人（造）丝、日用（用途代号）、（耐）热（化）。

S：刷、丝、射频（用途代号）、双、钢塑料护层，低烟无卤阻燃护套。

T：铜、梯、特、通、陶、电梯、探。

U：矿、棉（指石棉）、矿用（用途代号）。

V：（P）V（C）（聚氯乙烯）。

W：（地球）物（理）、皱纹护套、无（磁性）、（耐高）温、（野）外、石油（用途代号）。

X：橡（力缆）、聚酰胺、橡（皮绝缘）。

Y：硬、圆、油、氧、（耐）油、移动（用途代号）、聚乙烯、压。

Z：聚酯、纸、电钻、中型、综合。

YJ：交联聚乙烯绝缘。

P2：铜带屏蔽。

ZRK：系列代号，表示阻燃型控制电缆。

参 考 文 献

［1］ 任元会等．工业与民用配电设计手册［M］．北京：中国电力出版社，2005.

［2］ 郭红霞．电线电缆材料——结构·性能·应用［M］．北京：机械工业出版社，2012.

［3］ 王卫东．电缆工艺技术原理及应用［M］．北京：机械工业出版社，2011.

［4］ 李金伴．常用电线电缆选用手册［M］．北京：化学工业出版社，2011.

［5］ 黄豪士等．金属护套无机绝缘电缆及其应用．

安徽太平洋电缆股份有限公司简介

安徽太平洋电缆股份有限公司系安徽太平洋电缆集团有限公司投资设立、专业生产电线电缆的高新技术企业，公司坐落于国家级星火科技园、安徽省特种电缆高新技术产业基地——无为高新科技园，南临长江，北濒巢湖，东靠长三角，区位优势突出。

股份公司创建于2000年，2011年将电线电缆全部资质注入股份公司。公司现占地面积28万平方米，员工760余人，其中各类专业技术人员300余人，各类先进的生产、检测设备600多台（套），年产值逾50亿元。

公司先后通过了ISO9001：2008、GJB 9001B—2009、ISO14001：2004、GB/T 28001—2011、CCC、PCCC、CRCC、ISO10012：2003、煤安、船级社等各项认证，并获得对外贸易经营者备案登记和进出口报关登记。

公司先后荣获全国守合同重信用企业、中国线缆行业最具竞争力企业50强、国家监督检查产品质量稳定合格知名品牌、安徽省标准化良好行为企业、“首届安徽十大强省品牌”企业、安徽省卓越绩效奖、安徽省名牌产品等荣誉称号。“源力”牌商标被认定为中国驰名商标。

公司专业生产35kV及以下电力电缆、电气装备用电线电缆、铝合金电缆及各类特种电线电缆，包括矿物绝缘防火电缆、超A类阻燃电缆、中压耐火电缆、吊装电缆、辐照绝缘电线电缆、铁路信号电缆、轨道交通车辆用电线电缆、新能源电动汽车线缆、矿用电缆、矿山专用耐磨高低压卷筒电缆、船用电缆、控制及计算机电缆、变频器电缆、硅橡胶电缆、高温氟塑料电缆、补偿电缆、伴热电缆等，年生产能力超过70万千米。

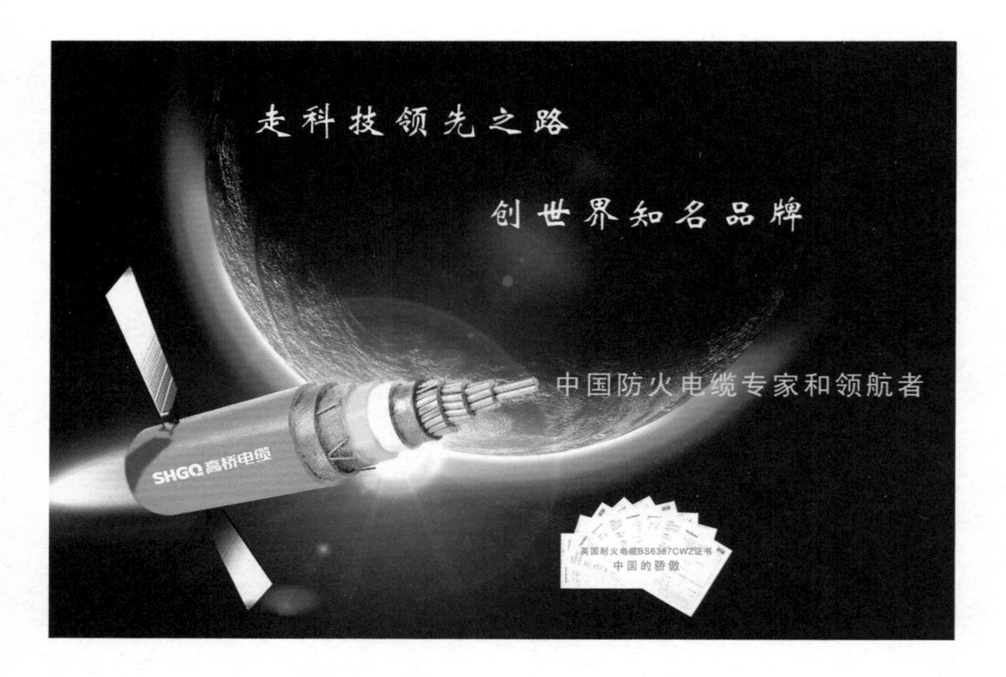

上海高桥电缆集团自主研发的“隔离型矿物绝缘耐火电缆”
在英国通过世界最高级别的“英国耐火电缆BS6387CWZ标准
——在火灾情况下保持电路完好的电缆性能要求规范”
这意味着该产品的性能已远远超越国家标准和IEC标准

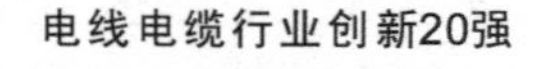

北京2008奥运工程优秀产品供应商
上海世博工程优秀产品供应商
上海市名牌产品
上海市著名商标
上海市高新技术企业
上海市推行全面质量管理先进单位
上海市培育型科技小巨人企业

SHGQ高桥电缆
Http://www.gaolan.net.cn
总机(Tel):021-37751111 传真(Fax):021-37751112

联络人： 苏将
联络电话：13811677205